SHAN

SHUI

YUAN

CHANG

图解设计

风景园林快速设计手册

（第二版）

吕圣东　谭平安　滕路玮　编著

GOU

ZHU

DI

LU

SHU

DAO

DI

SHI

华中科技大学出版社
http://press.hust.edu.cn
中国·武汉

图书在版编目（CIP）数据

图解设计：风景园林快速设计手册 / 吕圣东, 谭平安, 滕路玮编著. － 2版. —武汉：华中科技大学出版社，2023.9
ISBN 978-7-5680-9588-4

Ⅰ.①图… Ⅱ.①吕… ②谭… ③滕… Ⅲ.①园林设计－图解 Ⅳ.①TU986.2-64

中国国家版本馆CIP数据核字(2023)第150983号

图解设计：风景园林快速设计手册（第二版）　　　吕圣东　谭平安　滕路玮　编著
Tujie Sheji：Fengjing Yuanlin Kuaisu Sheji Shouce（Di-er Ban）

出版发行：华中科技大学出版社（中国·武汉）
地　　址：武汉市东湖新技术开发区华工科技园（邮编：430223）
出 版 人：阮海洪

策划编辑：简晓思　　　　　　　　　　　　　　　责任监印：朱 玢
责任编辑：简晓思　　　　　　　　　　　　　　　排　　版：张 靖

印　　刷：湖北金港彩印有限公司
开　　本：787 mm×1092 mm　1 / 12
印　　张：20.5
字　　数：147千字
版　　次：2023年9月第2版第1次印刷
定　　价：98.00元

投稿邮箱：1437380346@qq.com
本书若有印装质量问题，请向出版社营销中心调换
全国免费服务热线：400-6679-118　竭诚为您服务

前言

风景园林学成为一门系统的学科被纳入高等教育体系是在近代，风景园林快速设计是伴随着风景园林学科的发展而成长起来的。由于发展迅猛，发展过程中产生的问题也显而易见，新时代、新形势下发展与变革的方向是我们需要深入思考的。随着风景园林从业人员与专业需求的日益增加，快速设计作为风景园林在校学生及从业人员体现自我专业素养的重要手段，成为升学、择业、构思、交流的重要媒介。不同于常规设计流程，快速设计具有快速、高效的特征，虽然时间短，但是却对设计者的问题解析能力、价值取向判断能力、设计统筹能力、设计表达能力等有较高的要求。对于风景园林在校生、从业人员、升学需求者，快速设计时刻都不能放下，也是在校学习、从业的必经之路。

快速设计不同于完整的方案设计，其更多地需解决风景园林设计创作、构思、表达的基本问题。编者长期从事一线教学的经验，奠定了编写此书的知识基础。本书建立起一个完整的体系构架，尽可能全面地概括了设计创作的基础知识和方法流程。本书共分为7章内容，第1章四个练习意义，带领大家认识快速设计的基本作用和了解正确的学习方法，从而对快速设计建立初步认识（本章由吕圣东编写）；第2章三类准备知识，介绍本学科与相关学科的理论知识，阐释相关术语和常用规范，图示各类快速设计图纸构成要素（本章第1节由吕圣东编写，第2节由滕路玮编写，第3节图纸由谭平安绘制、框架由吕圣东编写）；第3章六类设计要素，图示介绍六大类风景园林快速设计要素——地形、水体、植物、建筑、铺装、道路，以及六大要素的空间组合方法（本章由滕路玮编写，吕圣东负责文案统筹）；第4章十八条设计法则，整合提出设计中应当遵循的统一法则、变化法则、和谐法则，以及图示法则的初步运用（本章由吕圣东编写，谭平安负责图纸绘制）；第5章一套设计思维，从设计价值观的建立，到快速设计思维步骤的阐释，通过释疑、造局、构思、定法、成图五个步骤建立一套设计思维，以快速设计中常见的几种设计类型——广场、公园、附属绿地、滨水开放绿地，图示深入解析五个快速设计案例（本章由吕圣东编写，吕圣东、滕路玮、谭平安等共同绘制图纸）；第6章五大设计策略（本章由吕圣东编写，滕路玮、吕圣东共同负责图纸绘制）；第7章六十四例佳作赏析，通过对不同类型设计案例的评价和解析，展示优秀案例的可学之处，并介绍设计中常见的问题和考点，让读者有效规避常见问题（本章由谭平安、孟佳整理题目图纸，吕圣东评析案例）。全书结构由吕圣东完成，专业表现图纸由谭平安完成，排版及图纸绘制由滕路玮统筹完成。

本书的编写以手册的形式展开，从基础认识到思维建立再到方案深化、快速策略，概括整合了全链条式的快速设计流程。全书强调了方法的应用性、知识的全面性和使用的便利性。本书可作为风景园林专业教材，也可作为考研、求职的辅导参考书，还可供相关专业工作人员参考借鉴，对建筑学、城乡规划学专业人士也有一定借鉴价值。

参与本书图纸绘制工作的还有常青、陈雪纯、陈杨、方子晨、冯璋斐、郭广钰、黄洒菲、姜信羽、李佳慧等同学，在此一并表示感谢！

目录
CONTENT

6

五大设计策略   141

7

六十四例佳作赏析   151

1

四个练习意义

FOUR PRACTICE MEANINGS

1.1 意义

风景园林学科的迅猛发展是随着社会发展的实际需求而增长的。风景园林专业的升学、求学者与择业人员都面临着一个不可避免的考核——风景园林快速设计。很多习惯长周期课程设计的同学往往会对快速设计感到力不从心，从而对快速设计产生抗拒。甚至个别同学会质疑快速设计作为应试的手段是否有价值。我们在这里要给出明确的回答，快速设计的价值不是为了应试，应试只是其本质意义的多个表象之一。快速设计主要反映了一位设计师对设计常识的掌握程度、对设计问题的解决能力以及应有的设计表达水平，设计师在练习快速设计的同时可以提高自身的基本设计修养。快速设计也是设计师与服务对象沟通的手段，同时快速设计在升学、择业之际的作用也是显而易见的。

总体来看，练习快速设计的实际意义有以下四大类。

1.1.1 就业

风景园林快速设计是设计师应聘面试的第一步，也是他们在之后的工作中经常会使用的工作方式。

风景园林快速设计在工作中有利于快速理解场地现状、分析构思、厘清头绪并从中抓住主要设计矛盾。快速构思立意并且找准设计方向，从而快速达到设计目的，是一种高效的工作方式，在设计任务紧急时具有较高的实践价值。风景园林快速设计需要设计师思维敏捷、流畅，对设计师具有很大的挑战，也需要设计师调动创作情绪，迅速捕捉灵感，从以往的积累中快速寻求解决方法，最后作出设计决策。这一过程需要设计师平时进行较多快速设计的积累与练习，以便在紧急任务来临时可以作出从容、积极的应对。

风景园林快速设计主要是在设计前期的概念设计阶段运用。在这个阶段，快速设计可以让设计师跳出设计细节，抓住方案全局的大问题，抓大放小，不拘泥于设计方案的细枝末节和手法堆砌，这样更加有利于思考决策，即使方案有遗憾，后期也可以不断进行调整和完善。

在表达上，风景园林快速设计的手绘表达可以不用像 CAD 制图那般精确，线条可更加自由不羁，着色可挥洒自如，方便同时设计多个方案进行比选，并且可以更快地修改，使得工作更加弹性有效率。总之，风景园林快速设计是风景园林设计从业者必须具备的素养和能力，需要不断练习提升。

1.1.2 升学

风景园林快题设计考试是遴选风景园林设计人才的高效方式，是检验风景园林设计人员素养的重要考查手段，能够检验出设计人员分析问题、解决问题以及设计表达的能力。

也许一场考试很难评估一个考生各方面的能力，但是一份风景园林快题设计方案稿却能够反映考生平时对于表达的熟练程度、方案的积累水平，以及分析、思考问题的方式。

通过图面效果给人的第一印象，可以评估考生对风景园林设计方案的表达能力。从排版、线条、色彩等细节可以看出设计者的基础是否扎实，技巧是否熟练，进而通过方案推测出其设计水平的高低。在短时间内，阅卷老师不会太过计较方案的细节是否完美，而是更多关注方案的全面性、准确性。从平面图、分析图可以看出设计者对于任务书以及现状问题的解决方式，对设计的思考和理解，以及设计者的潜力、创作思维的活跃度等，而这些都是阅卷老师、专家更为看重的能力。

1.1.3　提升

风景园林方案快速表达能力既是从事风景园林设计行业需要掌握的基本功，更是反映风景园林设计师设计能力和水平的重要标志。

作为一个风景园林设计师，要有明确的奋斗目标和崇高的理想抱负，要致力于营造更加舒适、美好的人居环境。这些理想抱负需要通过一步步脚踏实地的努力提高设计水平、摆正设计价值观来实现。培养风景园林方案快速表达能力是避免成为单纯画图员的重要方式之一，手绘能够帮助我们厘清思路，解决场地问题。

平时对案例的积累、场地现状的分析、风景园林效果的想象等都需要依靠风景园林快速表达能力来实现，这些过程与快速表达相辅相成、相互促进，才能促使我们更快、更积极地适应工作环境和不断变化的市场需求。

同时风景园林设计师在不断成长的过程中需要参加很多职业资格考试，而风景园林方案快速表达是其中重要的考核项目之一。总之，风景园林方案快速设计这样高效的工作方法是对节奏不断加快的社会工作的适应，能够不断增强我们在风景园林设计市场的竞争力。

1.1.4　沟通

风景园林设计工作中有很多需要沟通的时刻，师生之间、上下级之间、设计方与甲方之间、设计方与施工方之间，无时无刻不存在着沟通的问题。在因为沟通不利影响设计工作的开展时，画一张图胜过千言万语。风景园林设计能快速地表达出设计的意图，沟通时要聚焦大家注重的问题，同时清晰地汇报自己形成设计的思考过程。当对方提出修改意见的时候，快速表达的方式能够更清晰地帮助我们进行修改。如果平时没有练习快速表达，这一便捷的沟通方式会变得复杂，令人难懂，所以我们需要在平时不断地练习，从而能在有需要时准确、快速地传达出自己想要表达的设计意图（图1-1）。

1.2　方法

1.2.1　方法一：多观察——心脑互动

专业期刊、成熟案例、设计展览等，这些都有助于拓展对设计的认识，并提高快速设计的思想维度与知识储备。

1.2.2　方法二：常演示——手脑联通

尽可能抓住一切别人绘画的过程去观察演练，这个过程是最真实的，可以减轻设计者的思想负担和设计的神秘感，可以提高设计者的自信心。这对老师也有很高的要求，好的老师往往擅长演示加解说的组合模式，便于学生理解；不理想的老师往往务虚不务实，只提出空泛的概念或意向。所以找到一个好老师也是学习的关键之一。除此之外，要多动手绘制自己的想法，达到下笔如有神的状态。

1.2.3　方法三：勤搜集——区分好坏

收集各类设计参考书，注意留心好的风景园林设计方案，将这些方案分类、分析、分解，便于以后查阅检索，以及作为激发思维的素材。

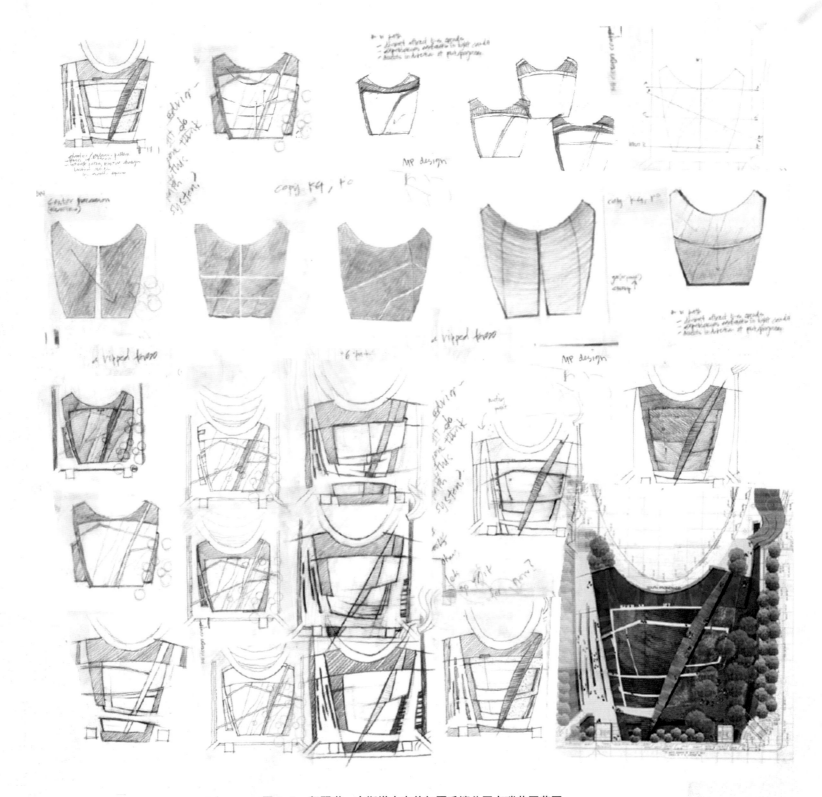

图 1-1　凯瑟琳·古斯塔夫森芝加哥千禧公园卢瑞花园草图

2

三类准备知识

THREE TYPES OF PREPARATORY KNOWLEDGE

2.1 第一类：基础知识

2.1.1 风景园林学

广义的风景园林是指地球表面形象优美、质量良好、令人赏心悦目的环境；狭义的风景园林是指不仅在视觉形象和质量方面令人赏心悦目，而且还寄托了人类对精神的追求，表达了人类梦想中的情境的环境，这一层次的风景园林通常都是进行过人为再加工的或者完全人造的。

风景园林学是研究景观的形成、演变和特征，并以此为依据，保护、创造与管理生存环境的学科。风景园林学涉及多学科领域，是一门建立在广泛的自然科学和人文艺术学科基础上的应用性学科。风景园林学的核心是调节人与自然的关系，总目标是通过策划、规划、设计、养护、管理、保护与利用自然与人文景观资源，创造优美宜人的、以户外为主的人居环境。

风景园林快速设计是需要根据给出限定条件的任务书和红线范围，在一定时间内完成的风景园林方案设计，其特点是抓住场地的主要矛盾进行快速构思，解决问题，最后快速表达形成方案。

风景园林设计师需要熟悉风景园林要素的功能构成、平面形态、布局特征和设计要点，熟悉各设计要素之间的组织关系和设计要求。风景园林要素包括地形、地貌、绿化、水体等背景要素，道路、广场、庭院、绿化、水体、停车场、运动场等设计要素。风景园林设计师要熟练掌握这些设计要素的各类规范，并以此为基础，进行快速构思（图2-1、图2-2）。

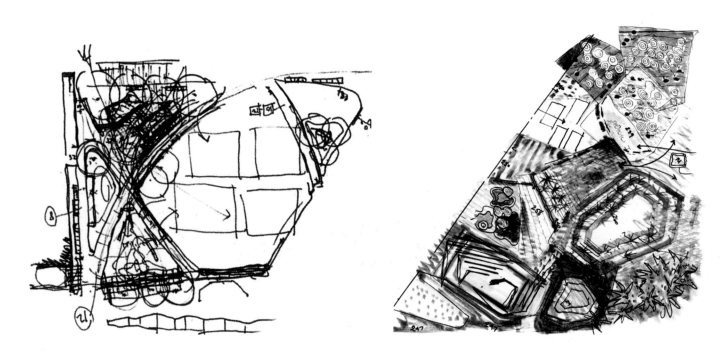

图 2-1 OLIN 景观事务所设计草图　　　　　　　　　　图 2-2 玛莎·施瓦茨工作室设计草图

2.1.2 建筑学

建筑学与风景园林学具有相同的目标，即创造良好的人居环境，将人与自然的关系处理落实到既有空间分布又有时间变化的人居环境中。两者的相同之处在于都是对空间的营造，但是建筑学更偏向于对人为空间的设计，即对一个更加明确的空间的设计。

风景园林设计师需要掌握建筑学的基础知识，熟悉不同类型的建筑（如居住、办公、商业、文化、教育、会展、体育、研发、服务等建筑），掌握这些建筑的功能结构、平面形态、空间组织和布局要求等基本内容，熟悉不同功能区建筑群的空间布局特征和模式，并且要关注建筑与环境的关系处理、建筑周边的场地设计等（图2-3、图2-4）。

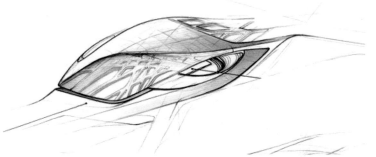

图 2-3 弗兰克·盖里古根海姆博物馆手绘草图 图 2-4 扎哈·哈迪德手绘草图

2.1.3 城乡规划学

城乡规划是以道路、用地为主的场所规划，是研究未来发展、合理布局和综合安排城乡各项工程建设的综合部署，是一定时期内城乡发展的蓝图；也是根据城乡的地理环境、人文条件、经济发展状况等客观条件制定适宜城乡整体发展的计划，从而协调城乡各方面发展，并进一步对城乡的空间布局、土地利用、基础设施建设等进行综合部署和统筹安排的一项具有战略性和综合性的工作。

风景园林设计师要掌握城乡规划的一般方法和技术路线，熟悉城乡不同类型用地的布局特征和相互关系，熟悉空间布局的模式、结构和形态等基础知识，掌握住区、城市重点地段和各类乡村的用地组织、空间布局等技术知识，以及相关的法律法规、技术规程等规范知识（图2-5、图2-6）。

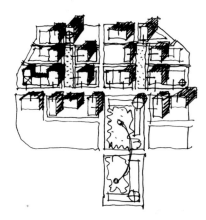
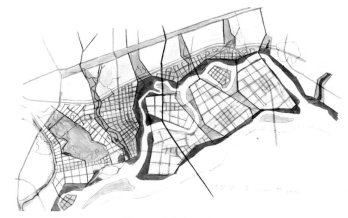

图 2-5 SOM 建筑设计事务所深圳宝安区 22 号、23 号地块城市 图 2-6 SWA 景观设计事务所广州东部国际商务城
设计方案草图

2.2　第二类：术语与规范

2.2.1　术语

根据《公园设计规范》（GB 51192—2016）、《城市绿地设计规范（2016年版）》（GB 50420—2007）等相关规范，具体要求总结如下。

（1）城市绿地：以植被为主要存在形态，用于改善城市生态，保护环境，为居民提供游憩场地和绿化、美化城市的一种城市用地。城市绿地包括公园绿地、生产绿地、防护绿地、附属绿地、其他绿地五大类。

（2）驳岸：保护水体岸边的工程设施，可分为自然驳岸和人工驳岸两大类。

（3）标高：以大地水准面作为基准面，并作零点（水准原点）起算地面至测量点的垂直高度。

（4）土方平衡：在某一地域内挖方数量与填方数量基本相符。

（5）挡土墙：防止土体边坡坍塌而修筑的墙体。

（6）护坡：防止土体边坡变迁而设置的斜坡式防护工程。

（7）竖向控制：对公园内建设场地地形、各种设施、植物等的控制性高程的统筹安排以及与公园外高程的相互协调。

（8）自然安息角：土壤自然堆积形成的一个稳定且坡度一致的土体表面与水平面的夹角，又叫自然倾斜角。角度的大小与土壤的土质、颗粒大小、含水量等有关系。

（9）亲水平台：设置于湖滨、河岸、水际，贴近水面并可供游人亲近水体、观景、戏水的单级或多级平台。

（10）古树名木：古树泛指树龄在百年以上的树木；名木泛指珍贵、稀有或具有历史、科学、文化价值以及有重要纪念意义的树木，也指历史和现代名人种植的树木，或具有历史事件、传说及其他自然文化背景的树木。

（11）园林建筑：在城市绿地内，既有一定的使用功能又具有观赏价值，成为绿地景观构成要素的建筑。

（12）园林小品：园林中供休息、装饰、景观照明、展示和为园林管理及方便游人之用的小型设施。

（13）用地边界专业规划线术语（表2-1、图2-7）。

表2-1　各类城乡规划控制线

线型名称	线型功能介绍
用地红线	规划主管部门批准的各类工程项目的用地界限
道路红线	规划主管部门规定各类城市道路路幅用地界限
绿线	规划城市公共绿地、公园、单位绿地和环城绿地等
蓝线	规定城市水面，主要包括河流、湖泊及护堤
紫线	规定历史文化街区
黑线	规定给排水、电力、电信、燃气等市政管网
橙线	轨道交通管理
黄线	地下文物管理

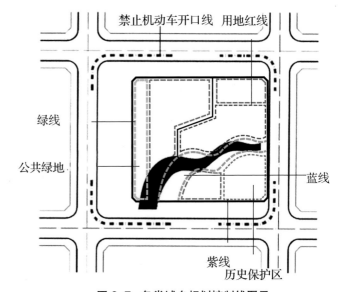

图2-7　各类城乡规划控制线图示

2.2.2 规范与数据

1. 一般规定

根据《城市绿地设计规范（2016 年版）》（GB 50420—2007）、《公园设计规范》（GB 51192—2016）》、《全国民用建筑工程设计技术措施：规划·建筑·景观（2009）》，具体要求总结如下。

（1）公园的用地范围和类型应以城乡总体规划、绿地系统规划等上位规划为依据。

（2）沿城市主、次干道的公园主要出入口的位置和规模，应与城市交通和游人走向、流量相适应。城市开放绿地的出入口、主要道路、主要建筑等应进行无障碍设计，并与城市道路无障碍设施连接。

（3）公园与水系相邻时，应根据相关区域防洪要求，综合考虑相邻区域水位变化对公园景观和生态系统的影响，并应确保游人安全。

（4）场地景观设计是场地总平面规划的重要组成部分，应因地制宜，充分利用自然地形、原有水系和植被，对原有生态环境进行保护。

（5）公园用地比例应以公园陆地面积为基数进行计算，具体如表 2-2 所示。

表 2-2　公园用地比例图

用地类型	陆地面积 / hm²				(注：A 表示陆地面积)
	$A < 2$	$2 \leq A < 5$	$5 \leq A < 10$	$10 \leq A < 20$	$20 \leq A < 50$
绿化	游园 > 65	游园 > 65	游园 > 70，综合公园 > 65	综合公园 > 70	综合公园 > 70
铺装	15 ~ 30	15 ~ 30	15 ~ 25	15 ~ 25	10 ~ 22
建筑	< 1	< 1.5	< 7	< 6	< 5

2. 总体设计

（1）容量计算：公园设计应确定游人容量，作为计算各种设施的规模、数量以及进行公园管理的依据。

公园游人容量应按下式计算：

$$C = (A_1 / A_{m1}) + C_1$$

式中　C——公园游人容量（人）；

　　　A_1——公园陆地面积（m²）；

　　　A_{m1}——人均占有公园陆地面积（m²/人）；

　　　C_1——公园开展水上活动的水域游人容量（人）。

（2）游人使用的厕所应符合下列规定：面积大于或等于 10hm² 的公园，应按游人容量的 2% 设置厕所厕位（包括小便斗位数），小于 10hm² 者按游人容量的 1.5% 设置，男女厕位比例宜为 1：1.5；服务半径不宜超过 250m，即间距 500m；在儿童游戏场附近，应设置方便儿童使用的厕所。

（3）对公园范围内的现状地形、水体、建筑物、构筑物、植物、地上或地下管线和工程设施，应进行调查，作出评价，并提出处理意见。

（4）场地景观设计应在场地总平面布局的基础上进一步进行景区划分，确定各分区的规模及特色，并结合主次景区进行相应景点设置。

（5）公园设计不应填埋或侵占原有湿地、河湖水系、滞洪或泛洪区及行洪通道。

（6）公园出入口布局应符合下列规定：应根据城乡规划和公园内部布局的要求，确定主、次和专用出入口的设置、位置和数量；需要设置出入口内外集散广场、停车场、自行车存车处时，应确定其规模要求。

（7）主要园路应具有引导游览和方便游人集散的功能；通行养护管理机械或消防车的园路宽度应与机具、车辆相适应；供消防车取水的天然水源和消防水池周边应设置消防车道；生产管理专用路宜与主要游览路分别设置。

（8）有文物价值的建筑物、构筑物、遗址绿地，应加以保护并结合到公园内景观之中。

3. 机动车出入口控制要求

根据《公园设计规范》（GB 51192—2016）、《城市综合交通体系规划标准》（GB/T 51328—2018）、《上海市控制性详细规划技术准则》，基本要求总结如下。

（1）城市道路应分为快速路、主干路、次干路和支路四类。

（2）快速路沿线禁止设置地块机动车出入口。

（3）主干路沿线原则上禁止设置地块机动车出入口，若确实需要可设置右进右出出入口，且必须离开交叉口80m以上或位于距交叉口最远处（自道路交叉口圆曲线的终点算起）（图2-8）。

（4）次干路沿线的地块机动车出入口应离开交叉口50m以上或者位于距交叉口最远处。支路沿线设置地块机动车出入口，距离与主干路或快速路辅道相交的交叉口不宜小于50m，距离与次干路相交的交叉口不宜小于30m，距离与支路相交的交叉口不宜小于20m。

（5）道路渠化段禁止设置地块机动车出入口，设置边侧公交专用道的道路沿线不宜设置机动车出入口（图2-8）。

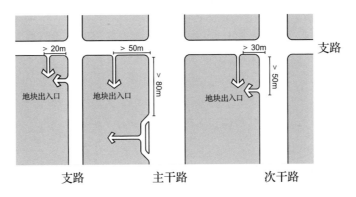

图 2-8 主干路及快速路出入口控制图（自绘）

（6）机动车出入口之间的净距不应小于20m。

（7）轨道交通车站行人出入口、人行过街设施（天桥、地道）30m范围内不宜设置地块机动车出入口。

（8）距铁路道口50m范围内不得设置地块机动车出入口。

（9）桥梁、隧道引道范围内不应设置地块机动车出入口，距引道端点50m范围内不宜设置地块机动车出入口，若确实需要可设置右进右出出入口。

（10）坡度大于2%的桥梁、隧道引道端点50m以内不应设置机动车出入口；坡度在1%～2%的坡道范围内不宜设置机动车出入口。

（11）桥梁或高架匝道上下接坡段和隧道敞开段的两侧地面辅道不宜设置机动车出入口，若确实需要，应增设进出集散车道，且只能设置右进右出出入口。

（12）公交车站 15m 范围内不应设置地块机动车出入口。

4. 竖向设计

根据《公园设计规范》（GB 51192—2016）、《全国民用建筑工程设计技术措施：规划·建筑·景观（2009）》、《居住区环境景观设计导则（2006 版）》，具体要求总结如下。

（1）竖向控制应根据公园四周城市道路规划标高和园内主要内容，充分利用原有地形地貌，提出主要景物的高程及对其周围地形的要求，地形标高还必须适应拟保留的现状物和地表水的排放。

（2）景观竖向设计有利于丰富场地的空间特征，应控制好山顶、地形等高线，水底、常水位、最高水位、最低水位、驳岸顶部、园路主要转折点、交叉点和变坡点，各出入口内外地面、铺装场地、建构筑物地坪，地下工程管线及地下构筑物的埋深等。

（3）公园内的河、湖最高水位，必须保证重要的建筑物、构筑物和动物笼舍不被水淹。

（4）场地设计标高应高于或等于城市设计防洪、防涝标高；沿海或受洪水泛滥威胁地区，场地设计标高应高于洪水标高 0.5～1.0m，否则必须采取相应的防洪措施。

（5）场地景观竖向设计的山坡、谷底必须保持稳定。当土坡超过土壤自然安息角呈不稳定状态时，必须采用挡土墙、护坡等技术措施，防止水土流失或滑坡。

（6）竖向设计除了创造一定的地形空间景观，还应为植物种植设计、给排水设计创造良好的条件，为植物生长和雨水排蓄创造必要条件。

（7）竖向设计应合理利用和收集地面雨水，有效控制场地内不可渗透地表的面积，设置阻水措施，减缓径流速度，增强雨水下渗，并利用人工或自然水体蓄存雨水。

（8）缘石坡道现通用三面坡及扇面坡，坡道下口高出车行道地面高差不得大于 20mm。

（9）竖向设计应考虑软质地表的排水坡度，宜符合表 2-3 的规定。

表 2-3　地表排水坡度

地表类型		最大坡度 /（%）	最小坡度 /（%）
草地		33	1.0
运动草地		2	0.5
栽植草地		视土质而定	0.5
铺装场地	平原地区	1	0.3
	丘陵地区	3	0.3

（10）楼梯、坡道设计规范。

a. 台阶的踏步高度（h）和宽度（b）是决定台阶舒适性的主要参数，两者的关系以 $2h+b=$（60±6）cm 为宜。

b. 梯道每升高 1.2～1.5m，宜设置休息平台；平台进深应大于 1.2m；特陡山地宜根据具体情况增加台阶数。

c. 台阶踏步数不得少于 2 级，坡度大于 58% 的梯道应作防滑处理，并应设置护拦设施。

d. 梯道连续升高超过 5.0m 时，宜设置转折平台，且转折平台的进深不宜小于梯道宽度。

e. 楼梯踏步设计规范如表2-4所示。

表 2-4 楼梯台步设计规定

状态	踏步高 H/m	踏步宽 W/m
室内	≤ 0.15	≥ 0.26
室外	0.12 ~ 0.16	0.30 ~ 0.35
可坐踏步	0.20 ~ 0.35	0.40 ~ 0.60

注：当台阶长度超过3m（即连续踏步数超过18级时）或需改变攀登方向的地方，应在中间设置休息平台，平台宽度应不小于1.2m。台阶坡度一般控制在1/7 ~ 1/4范围内，踏面应作防滑处理。

5. 现状处理

根据《公园设计规范》（GB 51192—2016），具体要求总结如下。

（1）现状有纪念意义、生态价值、文化价值或景观价值的风景资源，应结合到公园内景观设计中。

（2）古树名木保护范围的划定应符合下列要求：

a. 成林地带外缘树树冠垂直投影以外5m所围合的范围；

b. 单株树应同时满足树冠垂直投影以外5m宽和距树干基部外缘水平距离为胸径20倍以内。

（3）保护范围内，不得损坏表土层和改变地表高程，除保护及加固设施外，不应设置建筑物、构筑物及架（埋）设备种过境管线，不应栽植缠绕古树名木的藤本植物。

6. 园路及停车场

根据《城市绿地设计规范（2016年版）》（GB 50420—2007）、《公园设计规范》（GB 51192—2016）、《全国民用建筑工程设计技术措施：规划·建筑·景观（2009）》，具体要求总结如下。

（1）园路宽度宜符合表2-5的规定。

表 2-5 园路宽度

园路级别	场地面积 /hm²			
	$A < 2$	$2 ≤ A < 10$	$10 ≤ A < 50$	$A ≥ 50$
主路宽度 /m	2.0 ~ 4.0	2.5 ~ 4.5	4.0 ~ 5.0	4.0 ~ 7.0
次路宽度 /m	—	—	3.0 ~ 4.0	3.0 ~ 4.0
支路宽度 /m	1.2 ~ 2.0	2.0 ~ 2.5	2.0 ~ 3.0	2.0 ~ 3.0
小路宽度 /m	0.9 ~ 1.2	0.9 ~ 2.0	1.2 ~ 2.0	1.2 ~ 2.0

（2）园路线形设计应符合下列规定：

a. 园路应与地形、水体、植物、建筑物、铺装场地及其他设施结合，满足交通和游览需要并形成完整的风景构图；

b. 园路应创造有序展示园林景观空间的路线或欣赏前方景物的透视线。

（3）主路和次路的纵坡宜小于8%，同一纵坡坡长不宜大于200m；山地区域的主路、次路纵坡应小于12%，超过12%应作防滑处理。

（4）支路和小路的纵坡宜小于18%。纵坡超过15%的路段，路面应做防滑处理；纵坡超过18%的路段，宜设计为梯道。台阶踏步数不应少于2级；纵坡大于50%的梯道应作防滑处理，并设置护栏设施。

（5）城市绿地应设2个或2个以上出入口，出入口的选址应符合城乡规划及绿地总体布局要求，出入口应与主路相通。出入口旁应设置集散广场和停车场。

（6）依山或傍水且对游人存在安全隐患的道路，应设置安全防护栏杆，栏杆高度必须大于1050mm。

（7）坡度计算公式：坡度 =（高程差 / 水平距离）×100%。

（8）坡道最小净宽为1.5m，休息平台最小净深为2m。

（9）车行转弯半径如表2-6所示。

表2-6 机动车转弯半径

机动车最小转弯半径 /m	车辆类型	备注
6.00	车长不超过5m的三轮车、小型车	—
9.00	车长6 ~ 9m的一般二轴载重汽车、中型车	工业区不小于9m
12.00	车长10m以上的铰接车、大型货车、大型客车等大型车	有消防功能的道路，最小转弯半径为12m

注：基地出入口转弯半径应适量加大。经常通行机动车的园路宽度应大于4m，转弯半径不得小于12m。

（10）山地公园的主园路纵坡应小于12%，超过12%应作防滑处理。

（11）人行道宽不小于1m，并按照0.5的倍数递增。

（12）机动车停车场用地面积按当量小汽车位数计算。停车场用地面积：每个停车位为25 ~ 30m²，停车位尺寸以5.5m×2.5m划分（地面划分尺寸），摩托车每个车位2.5 ~ 2.7m²。

（13）当量小汽车换算系数如表2-7所示。

表2-7 当量小汽车换算系数

车辆类型	各类车辆外轮廓尺寸 / m			车辆换算系数
微型汽车	3.5	1.6	1.8	0.7
小型汽车	4.8	1.8	2.0	1.0
轻型汽车	7.0	2.1	2.6	1.2
中型汽车	9.0	2.5	3.2	2.0
大型汽车（客）	12.0	2.5	3.2	3.0

（14）停车场如果只有一个出入口，可设置边长至少大于6m的回车场地。

（15）消防车道宽度不应小于4 m。转弯半径：轻型消防车道设有回车道或回车场。回车场形式如表2-8所示。

表 2-8　回车场形式图示

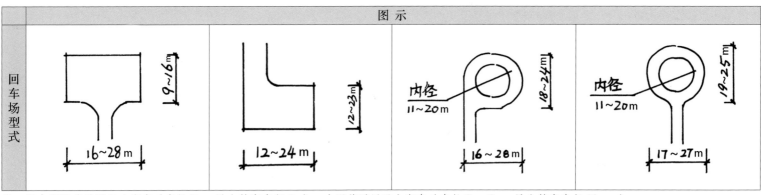

图　示
回车场型式

注：图中下限值适用于小汽车（车长 5m，最小转弯半径 6m），上限值适用于大汽车（车长 8 ~ 9m，最小转弯半径 10m。）

（16）停车场规模及停车场出入口数量如表 2-9 所示。

表 2-9　停车场规模与停车场出入口数量规定

停车位数量 / 个	出入口数量
<50	可设一个出入口
50 ~ 300	出入口不应少于 2 个
>300	出口和入口应分开设置，两个出入口之间的距离应大于 20m，出入口宽度不得小于 7m

注：停车场内的主要通道宽度不得小于 6m。

（17）根据地形条件，停车场的停车方式以占地面积小、疏散方便、保证安全为原则，主要停车方式有平行式、垂直式、斜列式三种。其中间最小距离以小型车为例，停车方式如表 2-10 所示。

表 2-10　停车方式图示

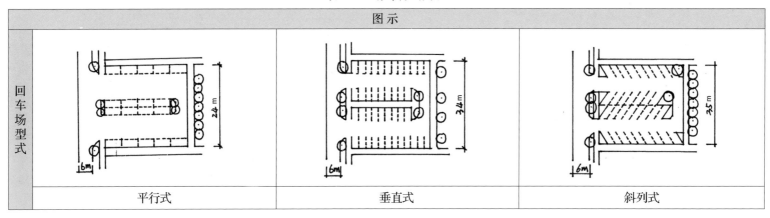

图　示		
回车场型式		
平行式	垂直式	斜列式

（18）根据场地平面位置的不同，停车场可分为路边停车场和集中停车场，以小型机动车数据为主，停车方式如表2-11所示。

（19）停车库出入口与城市人行过街天桥、地道、桥梁或隧道灯引道口距离应大于50m，与道路交叉口距离应大于80m。

表 2-11　停车方式图示

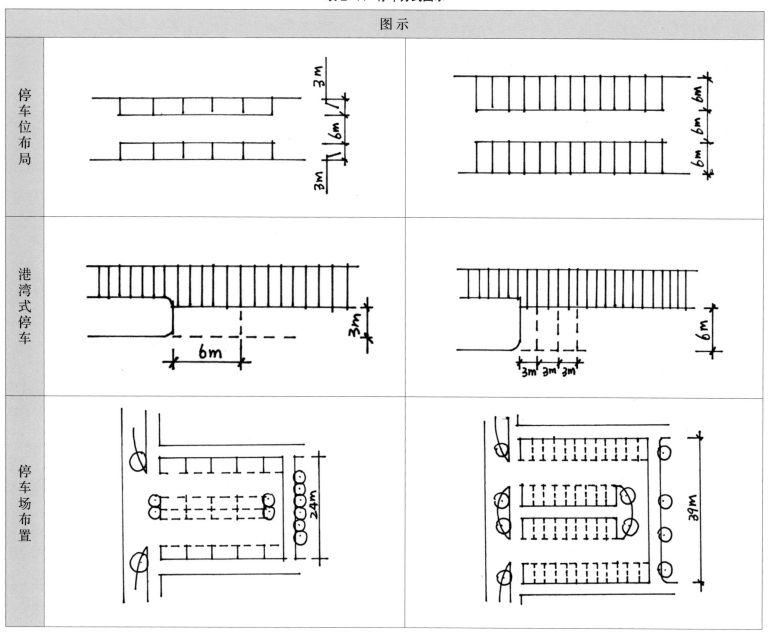

（20）根据《建筑设计技术手册》相关规定，停车场位置与出入口设置如表2-12所示。

表2-12　停车场出入口

图 示		
停车场位置	与城市干道红线距离70m	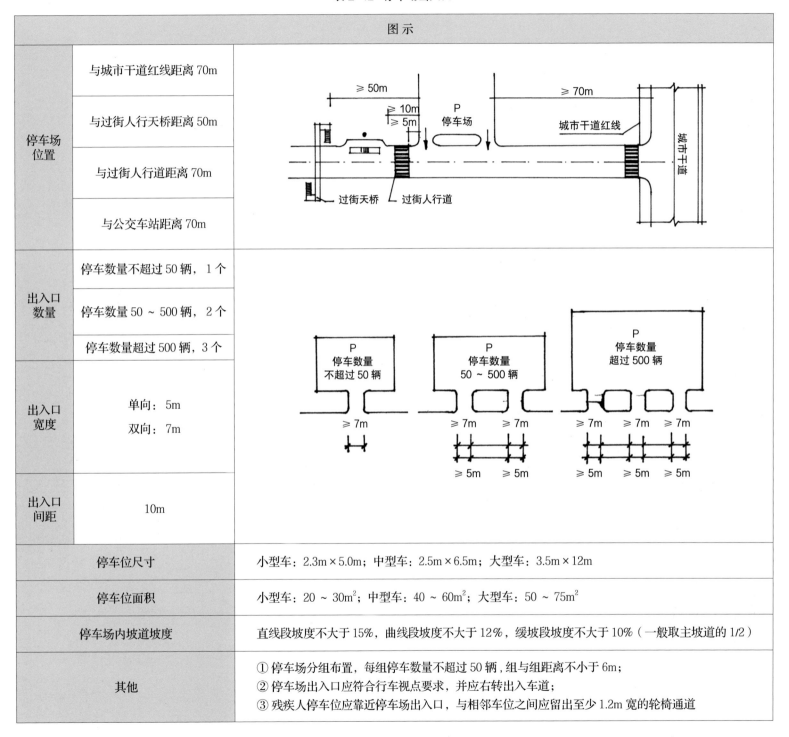
	与过街人行天桥距离50m	
	与过街人行道距离70m	
	与公交车站距离70m	
出入口数量	停车数量不超过50辆，1个	
	停车数量50～500辆，2个	
	停车数量超过500辆，3个	
出入口宽度	单向：5m	
	双向：7m	
出入口间距	10m	
停车位尺寸	小型车：2.3m×5.0m；中型车：2.5m×6.5m；大型车：3.5m×12m	
停车位面积	小型车：20～30m²；中型车：40～60m²；大型车：50～75m²	
停车场内坡道坡度	直线段坡度不大于15%，曲线段坡度不大于12%，缓坡段坡度不大于10%（一般取主坡道的1/2）	
其他	① 停车场分组布置，每组停车数量不超过50辆，组与组距离不小于6m； ② 停车场出入口应符合行车视点要求，并应右转出入车道； ③ 残疾人停车位应靠近停车场出入口，与相邻车位之间应留出至少1.2m宽的轮椅通道	

7. 室外活动场地

根据《全国民用建筑工程设计技术措施：规划·建筑·景观（2009）》，具体要求总结如下。

（1）应根据场地总平面布局的要求，确定各种铺装场地的类型和面积。铺装场地应根据集散、活动、演出、赏景、休憩等使用功能要求作出不同设计。

（2）安静休憩场地应利用地形或植物与喧闹区隔离。

（3）演出场地应有方便观赏的适宜坡度和观众席位。

（5）铺装场地应考虑各种景观小品及设施的配置。

（6）足球场、篮球场、羽毛球场、排球场、乒乓球场、健身运动区、游乐场等，应分散在住区、方便居民就近使用又不扰民的区域，不允许有机动车和非机动车穿越运动场地。各类球场尺寸如表2-13所示。

表2-13　球场尺寸图示 （单位：m）

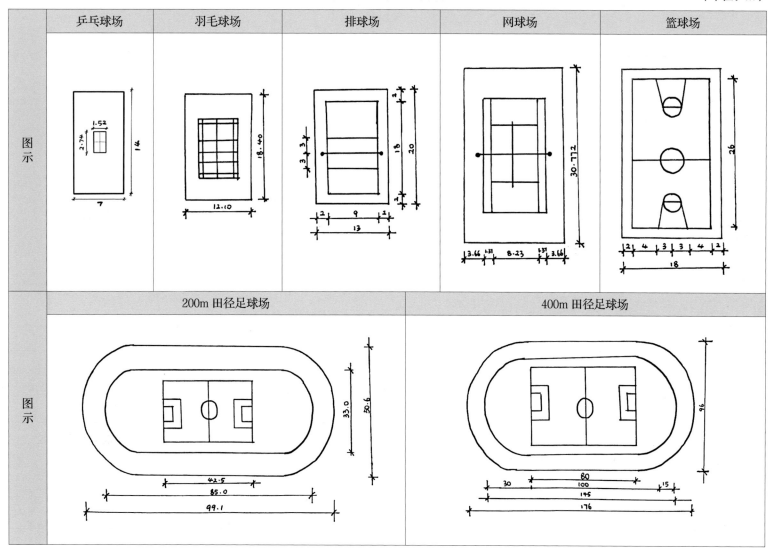

（7）老年人活动场地应靠近居住区集中的地区，地形平坦，并应结合绿地设置于阳光充足、安静、卫生、无污染的场地。场地坡度不应大于3%，在步行道中设置台阶应考虑无障碍设施和扶手。

（8）儿童活动场地。

a. 与主干道相隔一定距离，减少汽车噪声的影响，并保障儿童安全。阳光充足、空气清洁，能避开强风侵袭。离居民窗户10m以上，尽量有乔灌木阻挡儿童活动噪声，避免对附近居民造成影响。尽量与老人活动区相邻，便于老人照看。

b. 按儿童年龄分区，满足1～3岁、4～6岁、7～12岁不同年龄段儿童对活动空间的不同需求。较小年龄段活动区的地面要有防护软垫或安全沙坑；较大年龄段活动区的社交需求提高，尽量设计一些木平台等交流休息空间，以攀爬绳网、攀岩、滑板、自行车场地、有故事性的雕塑小品等配套设施为主。

c. 边界要围合或对场地进行下沉处理，减少儿童安全隐患。

d. 周边植物不能有伤害隐患，如容易引起过敏的植物、吸引蜜蜂的花卉、边缘尖锐的建材等不要出现在儿童活动场地。

8. 空间尺度

（1）垂直界面对空间的划分与控制作用，与其高度及相对距离有很大的关系，因而在处理外部空间时，还要考虑建筑的高度（H）与围合空间的间距（D）之间的比例关系。以人站在建筑围合空间的正中央为例，D/H比值空间分析如表2-14所示。

表2-14 D/H比值空间分析

D/H比值	文字说明
1～2	空间最为紧凑，在苏州园林中经常见到此类型空间
2	中心垂直视角45°，可观察到界面全貌，视线仍集中于界面西部，具有较好的封闭感
4	中心垂直视角为27°，是观察完整界面的最佳位置，为空间封闭感的上限。故欲在广场和庭院营造围合感，其空间D/H不宜大于4。此值是界定围合与开敞的分界点
>4	两界面相互间的影响已经很薄弱了，没有围合之感

（2）人能较好地观赏景物的最佳水平视野范围在60°以内，观赏建筑的最短距离应等于建筑物的宽度，即相应的最佳视区是54°左右，大于54°便进入细部审视区。

（3）广场空间视距分析如表2-15所示。

表2-15 广场空间视距分析

视距	文字介绍
6m	可看清花瓣
20～25m	可看到人的面部表情，这一范围通常组织为近景，作为框景、导景，增加广场景深层次
70～100m	可看清人体活动，一般为主景，要求能看清建筑全貌
150～200m	可看清建筑群体与大轮廓，作为背景起衬托作用

注：作为人们休闲、活动的广场，其尺度是由共享功能、视觉要求、心理因素和规划人数等综合因素决定的，其长、宽一般应控制在20～30m。在居住建筑或一般公共场地，尤其应该注意忌大而空。

（4）各类观赏尺度最适宜距离如表 2-16 所示。

表 2-16　观赏尺度最适宜距离

类型	步行适宜距离	负重行走距离	正常目视距离	观枝形的距离	赏花的距离	心理安全距离	谈话距离
距离 L /m	500.0	300.0	≤ 100.0	≤ 30.0	9.0	3.0	≥ 0.7

9. 种植设计

根据《公园设计规范》（GB 51192—2016）、《全国民用建筑工程设计技术措施：规划·建筑·景观（2009）》，具体要求总结如下。

（1）种植设计应根据当地日照、土壤、朝向等自然条件，选择生长健壮、病虫害少、养护管理方便、对人体无害的植物种类。

（2）充分发挥植物的各种功能和观赏特点，乔、灌、草及地被、花卉等合理配置。提倡屋顶绿化和垂直绿化，形成多层次的复合结构，植物群落构思和谐，色叶树季相丰富，具有地域性特点。

（3）儿童游乐区严禁配置有毒、有刺等易对儿童造成伤害的植物。

（4）居住建筑朝阳面种植设计应避免植物对居室内阳光的遮挡。

（5）道路绿带设计，行道树定植株距应以树种成年期冠幅为准，最小株距 4m，树干中心至种植池外侧最小距离宜为 0.75m。

（6）广场植物配置，应考虑协调与四周建筑的关系，根据广场功能、规模和尺度，宜种植乔木，应考虑安全视距及人流通行要求，树木枝下净空应大于 2.2m。

（7）树木与地面建筑物、构筑物外缘最小水平距离如表 2-17 所示。

（8）单行整形绿篱的空间生长距离如表 2-17 所示。

表 2-17　植物空间生长距离

类型	地上空间高度 /m	地上空间宽度 /m
树墙	> 1.6	> 1.5
高绿篱	1.2 ~ 1.6	1.2 ~ 2.0
中绿篱	0.5 ~ 1.2	0.8 ~ 1.5
矮绿篱	0.5	0.3 ~ 0.5

（9）屋面种植设计应包括下列内容：

a. 选择种植土类型；

b. 不宜选用根系穿刺性强的植物；

c. 不宜选用速生乔木、灌木植物；

d. 高层建筑屋面和坡屋面宜种植地被植物；

e. 乔木、大灌木高度不宜大于 2.5m，与边墙距离不宜小于 2m。

f. 花园式屋面种植的布局应与屋面结构相适应；乔木类植物和亭台、水池、假山等荷载较大的设施，应设在承重墙或柱的位置。

025

10. 小品设计

根据《全国民用建筑工程设计技术措施：规划·建筑·景观（2009）》，具体要求总结如下。

小品元素是景观设计的细节要素，各类小品元素（如景墙、外摆、假山、雕塑、台阶等）都是需要设计师了然于胸的，其与设计空间结合起来，共同体现场地空间的特征。各类小品元素的功能及设计要求如表2-18所示。

表 2-18　各类小品元素的功能及设计要求

类型	功能	设计要求	配合关系
门	分隔空间、限界标志、出入口	庭园、园林内的月亮门等，应尺度宜人，富有趣味性，限界标志门尺度适当加大，形体多样	与廊、柱、墙结合设置
景墙	分隔空间、景观渗透、观赏、遮挡、衬托背景	墙体可做镂空、雕刻、凹凸纹理等变化，墙体高度视空间大小而定，尺度适宜	与绿化、广场、水景等结合设置，也可利用挡土墙作景墙
外摆（伞）	观赏、过渡、休息	体量适宜，与周围建筑风格协调一致	通常设置在商业区旁
园林建筑（亭）	观赏、过渡、休息	高度2.4~3m，宽度2.4~3.6m，立柱间距3m左右	—
廊	联系空间、观赏、过渡、休息	高度2.2~2.5m，宽度1.8~2.5m	单纯过渡式廊仅为通廊，开敞、半开敞式廊可供休息、观赏
桥	分隔水面、联系交通、点缀风景	根据通航、通车、人行等要求，桥底与常水位之间净空高度应大于1.5m	可与廊、亭结合设置，廊桥需设观赏座凳
汀步	临水、步行道路	结构牢固稳定，步距不大于0.5m，水深不大于0.5m	—
座椅（凳）	休息	座高0.35~0.45m，椅座面宽0.4~0.6m，凳面尺寸0.4m×0.4m	通常设置在广场景点一侧、绿荫旁、路旁、游戏场外，可与种植池、台阶结合设置
雕塑	观赏	要有艺术性，与整体规划主题一致，尺度适宜	—
台阶	高低差过渡	踏步高度不大于0.15m，宽度不小于0.3m，踏步间平台宽度不小于1.5m，需考虑轮椅坡道	可与种植池相结合设置，软化台阶
树池	观赏，突出种植的植物	可坐人树池高度控制在0.3~0.45m，面宽0.4~0.6m	可与台阶、座椅、道路及各种景观物结合设置

2.3 第三类：表达表现

图示要素包括四类图纸、三类文字（表2-19）。其中，四类图纸包括总平面图、分析图、剖立面图、透视图；三类文字包括标题、设计说明、经济技术指标。

表2-19 常见要素整合排版表

图示要素	项目	内容	规范表达
四类图纸	总平面图	场地周边情况、道路、广场、节点、绿化、建筑物、构筑物、水体等	图名，比例，比例尺，指北针，标高，水位标高，主要出入口，设计内容标注，剖切符号，建筑的名称、面积、层数、出入口，场地周边道路名称
	分析图	道路交通分析、功能分区分析、空间结构分析、种植分析等，根据题意和设计意图适当增加其他分析图	图名、比例、图例
	剖立面图	高差变化、空间变化、绿化种植、建筑物、构筑物、人物、天空等配景	图名、比例、标高、水位标高
	透视图	重要设计节点透视图、鸟瞰图、轴测图	图名
三类文字	标题	风景园林设计主题、题目	
	设计说明	设计主题与概念、设计特色、功能安排、结构特点等整体介绍，重点介绍设计亮点	
	经济技术指标	总用地面积、总建筑面积、建筑密度、容积率、绿地率、绿化覆盖率、停车位等	

一般根据题目的要求，需要将这些图示要素组合起来。多数要求为一张A1图纸，或者是两张A2图纸，也可以是多张A3图纸。不同学校在不同时期的要求会有变化。但是万变不离其宗，形式变化固然无法预测，但本质的内容不应有偏离，把握内容，不为形式所累，才是设计所在。

整张A1图纸：以整体饱满、充实的构图风格最为常见，过分设计的版式往往会损耗一些时间，在多数时候难以实现。

两张A2图纸：依据各类图纸的大小，一般总平面图配合部分分析说明用一张图表达，剩下的内容用另外一张图表达。当有特殊表达意图的时候，组合的关系可以随着需求变化。

多张A3图纸：图纸数量较多则需要标明顺序，以便阅读。图示要素的组合可随表达重点由强及弱，按顺序表达。

2.3.1　总平面图

　　总平面图是评判快题级别的重要图纸，能够充分反映设计者的设计能力。风景园林平面图反映风景园林元素（包括道路、绿地、广场、建筑物等）的结构与布局，并且按照一定的规范和比例绘制。

　　总平面图中需要表达的内容包括：设计红线外的道路、用地情况；场地中需要保留或者改造的建筑物、构筑物、地形或者植被；按任务书要求建造的建筑，表现建筑的形式，标明建筑的性质、面积、层数；道路、广场、停车场位置，地下停车场出入口位置；绿化、铺装、设施的位置和形式表达；相关的规范表达，如图名、指北针、比例尺等。

　　风景园林总平面图的绘制原则：色彩明快，清晰明了；简洁清晰，突出设计；直指心性，避免繁杂；标注清晰，文字准确。总平面图示例如图2-9所示。

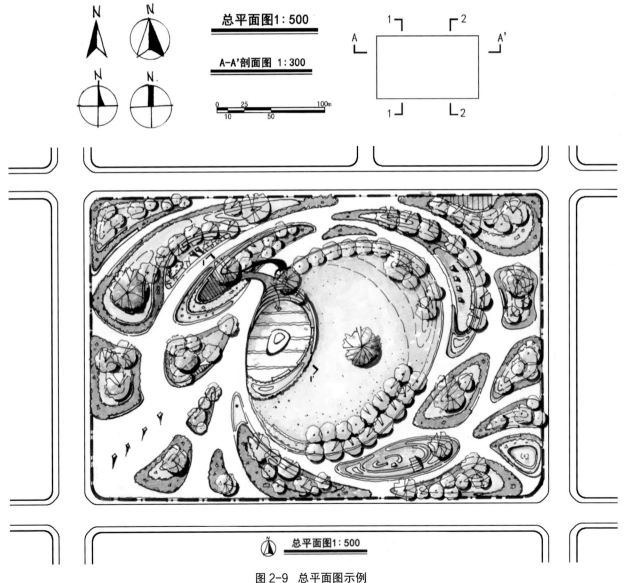

图 2-9　总平面图示例

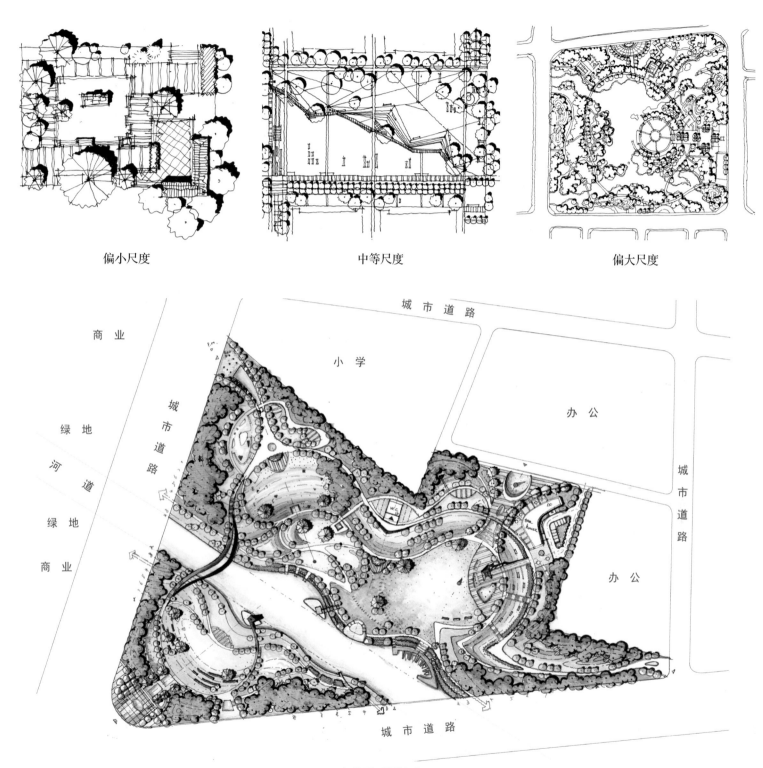

偏小尺度　　　　　　　　　　　　中等尺度　　　　　　　　　　　　偏大尺度

完整平面图展示

续图 2-9

总平面图绘制过程和步骤详解如表 2-20 所示。

表 2-20　总平面图绘制过程和步骤详解

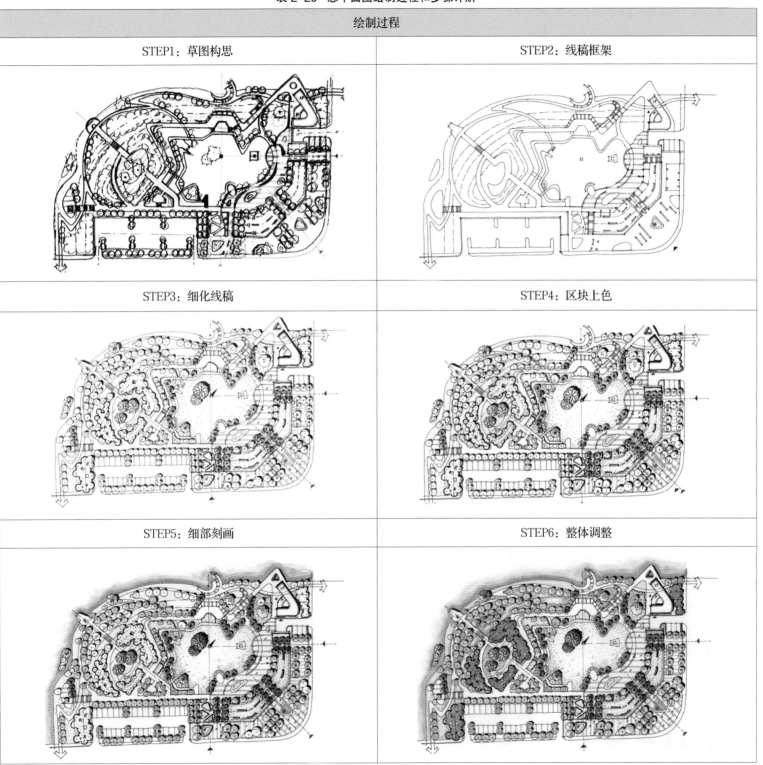

绘制过程	
STEP1：草图构思	STEP2：线稿框架
STEP3：细化线稿	STEP4：区块上色
STEP5：细部刻画	STEP6：整体调整

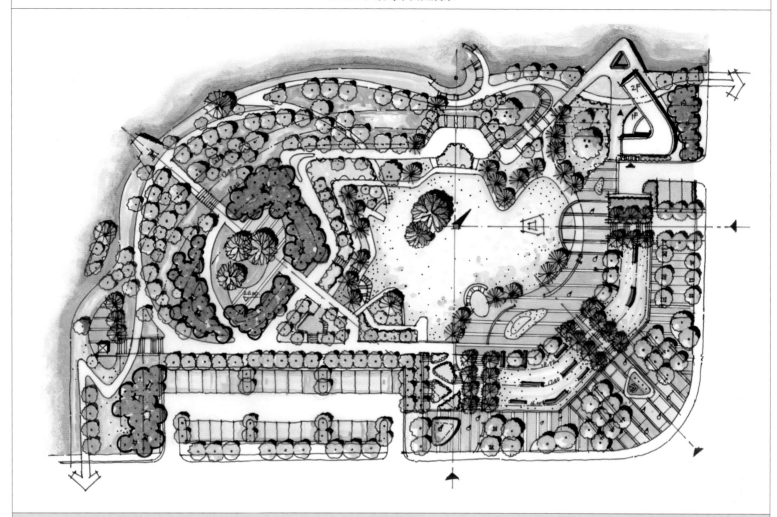

步骤详解

STEP1：以拷贝纸、粗线条完成方案设计的初步构想，预留设计空间；

STEP2：以硫酸纸、细线条描绘清楚方案的基本框架，主要包括植被以外的所有要素；

STEP3：深化植被设计，建立多层次的植物环境与要素；

STEP4：对浅色区域进行着色，适度地留白，保证图面透气；

STEP5：对上层、中层重点植被进行差异化色彩描绘；

STEP6：适度刻画中心区域的剩余植被，完善体系；

STEP7：深化铺装色彩表达，丰富整体图面，标注完善表达

其他

纸张：拷贝纸、硫酸纸；用时：1.5 小时；工具：针管笔、马克笔、平行尺

2.3.2 分析图

风景园林分析图反映方案的设计思路，反映设计者对于道路交通的组织、功能区块的划分以及空间结构的规划等。分析图辅助平面图可以让阅图者迅速把握方案整体结构特征。风景园林设计在表达上采用模式化的图示语言，要求图面清晰、一目了然，并且标注图名、图例、比例。

风景园林分析图包括道路交通分析图、绿化景观分析图、景观结构分析图、景观视线分析图、空间结构分析图、功能分区分析图等。道路交通分析图包括一级园路、二级园路、三级园路等，可以适当添加设计中的特色道路，如滨水走廊、文化走廊等；功能分区分析图合理地安排场地各部分的功能，并且用不同颜色清晰明了地区分各个区块；空间结构分析图包括主轴线、次轴线、核心空间、入口空间等。

风景园林分析图的绘制原则：专类分析，信息专属；重点强调，切莫填图。分析图示例如图 2-10 所示。

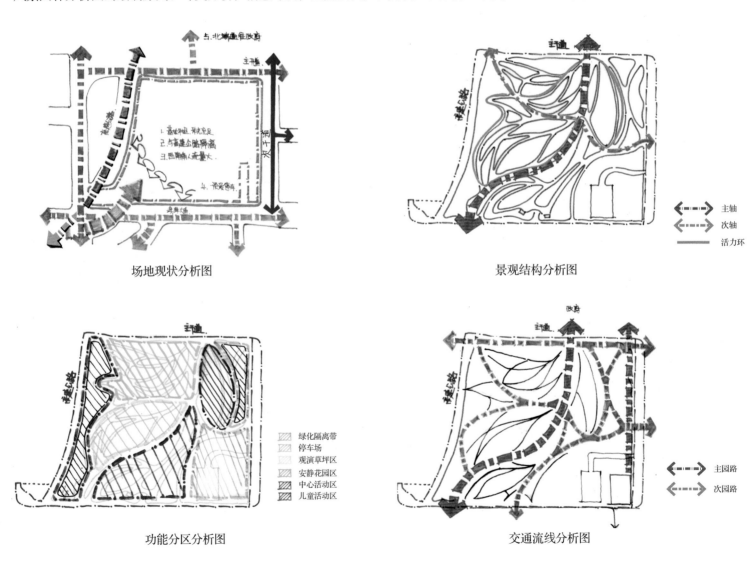

图 2-10 分析图示例

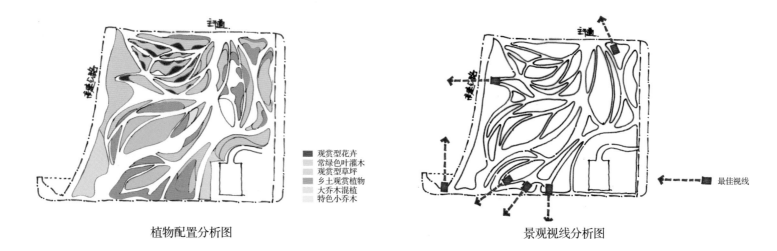

观赏型花卉
常绿色叶灌木
观赏型草坪
乡土观赏植物
大乔木混植
特色小乔木

最佳视线

植物配置分析图　　　　　　　　　　　　景观视线分析图

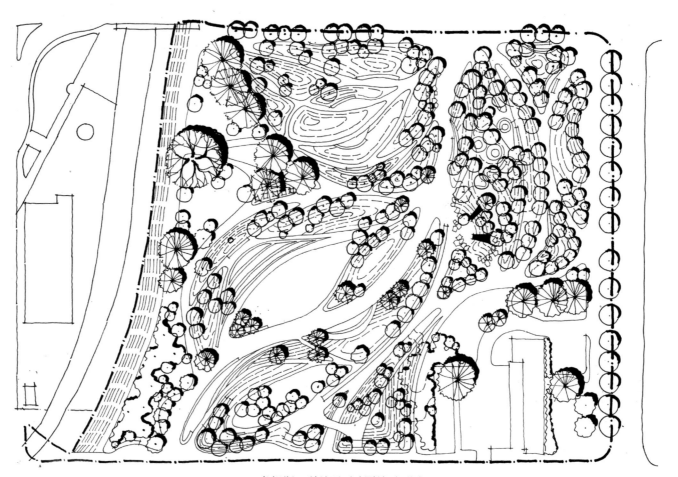

詹姆斯·科纳通瓦公园总平面图

续图 2-10

2.3.3 剖立面图

剖立面图在一个剖切断面上直观地反映场地的高差变化、空间氛围变化。一个较好的剖立面图在表达上清晰、有层次，在设计上能反映场地的实际空间关系。在滨水区设计方案中，剖立面图尤为重要，表现出设计者处理高差的能力。滨水区剖立面图还可以反映设计者对滨水处理的方式及空间氛围的节奏变化。剖立面图中要标明图名和比例，比例一般与平面图一致或放大。

风景园林剖立面图的绘制原则：地形准确，剖实看空；主次清晰，虚实结合；标注简明，设计准确。剖立面图的线稿绘制过程如表 2-21 所示。

表 2-21 剖立面图的线稿绘制过程

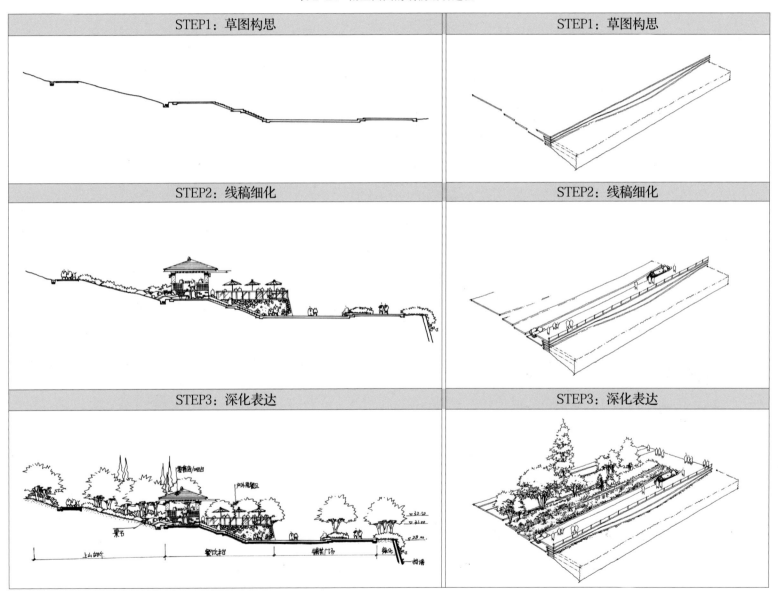

剖立面图的详细绘制过程如表 2-22 所示。

表 2-22　剖立面图的详细绘制过程

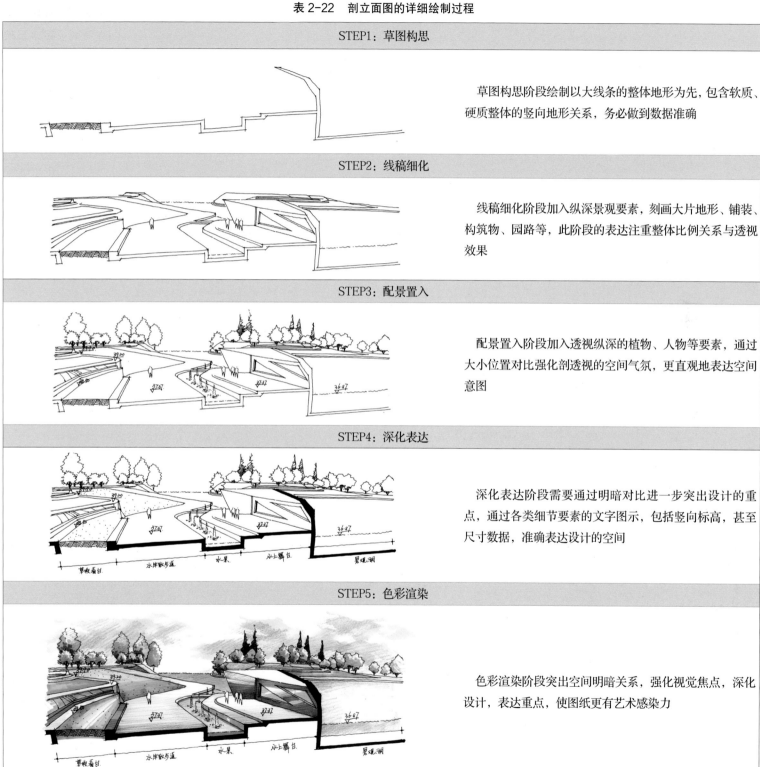

STEP1：草图构思

草图构思阶段绘制以大线条的整体地形为先，包含软质、硬质整体的竖向地形关系，务必做到数据准确

STEP2：线稿细化

线稿细化阶段加入纵深景观要素，刻画大片地形、铺装、构筑物、园路等，此阶段的表达注重整体比例关系与透视效果

STEP3：配景置入

配景置入阶段加入透视纵深的植物、人物等要素，通过大小位置对比强化剖透视的空间气氛，更直观地表达空间意图

STEP4：深化表达

深化表达阶段需要通过明暗对比进一步突出设计的重点，通过各类细节要素的文字图示，包括竖向标高，甚至尺寸数据，准确表达设计的空间

STEP5：色彩渲染

色彩渲染阶段突出空间明暗关系，强化视觉焦点，深化设计，表达重点，使图纸更有艺术感染力

2.3.4 透视图

风景园林透视图是直观呈现设计方案空间效果的图纸，是设计成果中最具有表现力的一类图纸。考生往往想通过记住一些万能的透视图用于应试，这对于难度不大的考试来说不失为一种方法，但是有些较难的考试往往会想办法规避掉记图的可能，或者对于记图的考生予以一定的扣分。

风景园林透视图的绘制原则：透视准确，近大远小；层次清晰，主题明确；对图绘制，切勿记图。

1. 人视点效果图

风景园林透视图一般从人视点出发，反映周围空间和风景园林要素的立体组织。徒手表现效果图需要扎实的画图功底，也是设计者手绘表现素养的体现。风景园林人视点效果图的绘制过程如表 2-23 所示。

表 2-23 人视点效果图的绘制过程

STEP1：建立坐标	STEP2：路网确定	STEP3：草图勾勒
STEP4：前景描绘	STEP5：线稿完善	STEP6：丰富阴影
STEP7：铺主体色	STEP8：主体渲染	STEP9：整体完善

人视点效果图上色一般采用马克笔表达法和彩铅表达法，如表 2-24 和图 2-11、图 2-12 所示。

表 2-24 人视点效果图上色方法

马克笔表达法

用笔上应做到明确、肯定，利用马克笔的特性，画出明快、透亮的色彩关系。

用色上应明确图面的主次关系，本图采用黄色调，背景植物主要用暖灰色，色彩统一

彩铅表达法

使用彩铅上色应参考马克笔对环境的色彩关系及明暗关系的表达，运笔采用 45°排线，注意运笔的力度，表现出不同的明暗关系

图 2-11　人视点效果图马克笔表达法示例

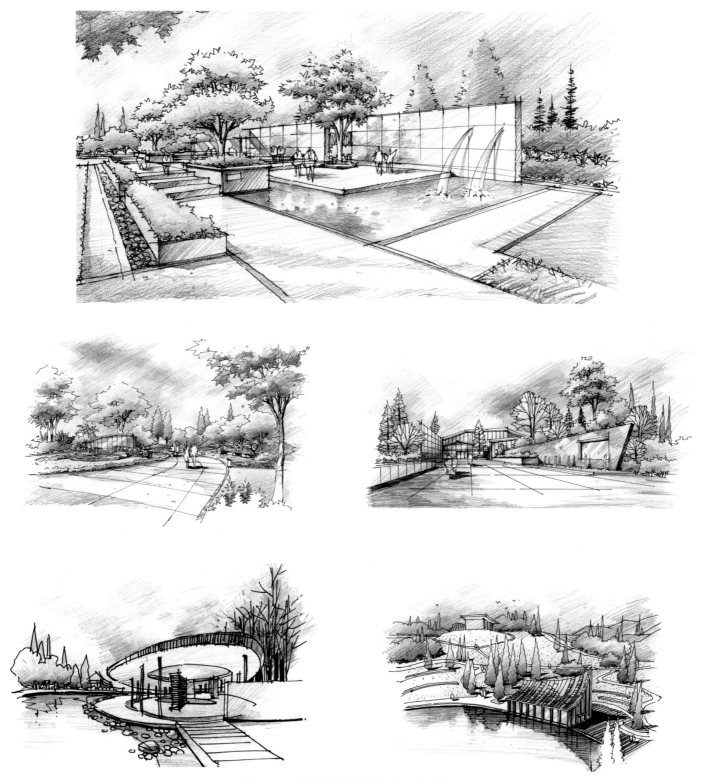

图 2-12　人视点效果图彩铅表达法示例

2. 鸟瞰图

有些快题考试会要求画风景园林设计整体方案的鸟瞰图，直接呈现出方案的整体效果和空间特色。鸟瞰图是在高于人视点的位置观察整个场地绘制而成的空间透视表现图，也是设计成果中最具表现力的图纸之一。鸟瞰图的绘制过程如表 2-25 所示，鸟瞰图示例如图 2-13 所示。

表 2-25　鸟瞰图的绘制过程

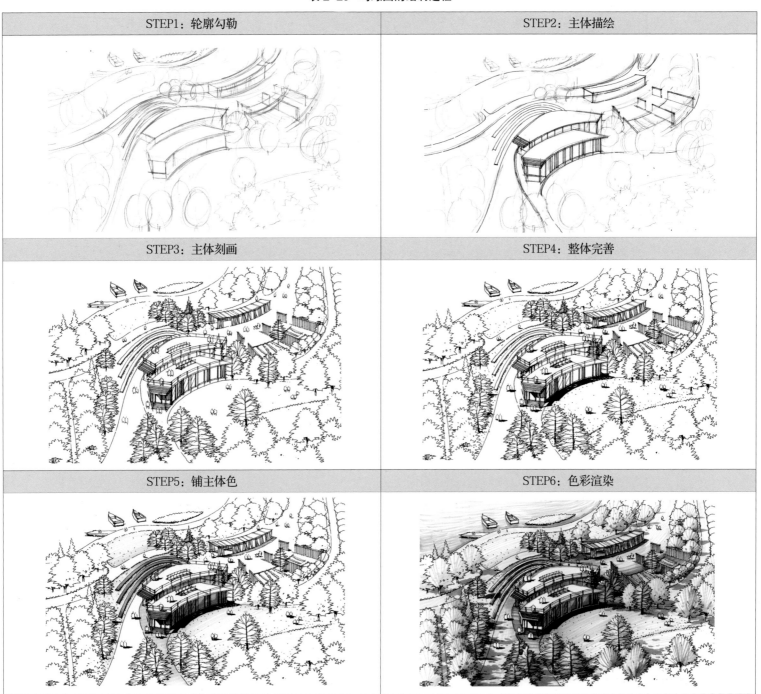

STEP1：轮廓勾勒	STEP2：主体描绘
STEP3：主体刻画	STEP4：整体完善
STEP5：铺主体色	STEP6：色彩渲染

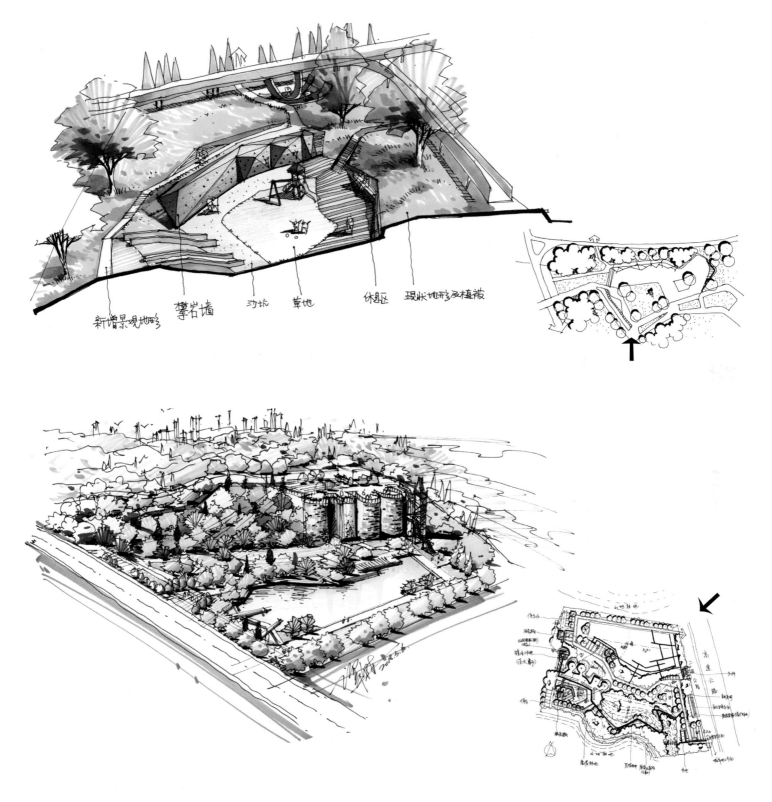

新增景观地形　攀岩墙　沟坑　草地　休息区　现状地形及植被

图 2-13　鸟瞰图示例

3. 轴测图

轴测图相较于鸟瞰图更为简单，相较于人视效果图则有难度，考试时要求画轴测图则可以避免出现考生记图的情况。轴测图常以 30°、45°、60° 倾斜角度绘制，表达清楚即可。轴测图的绘制过程如表 2-26 所示。

表 2-26　轴测图的绘制过程

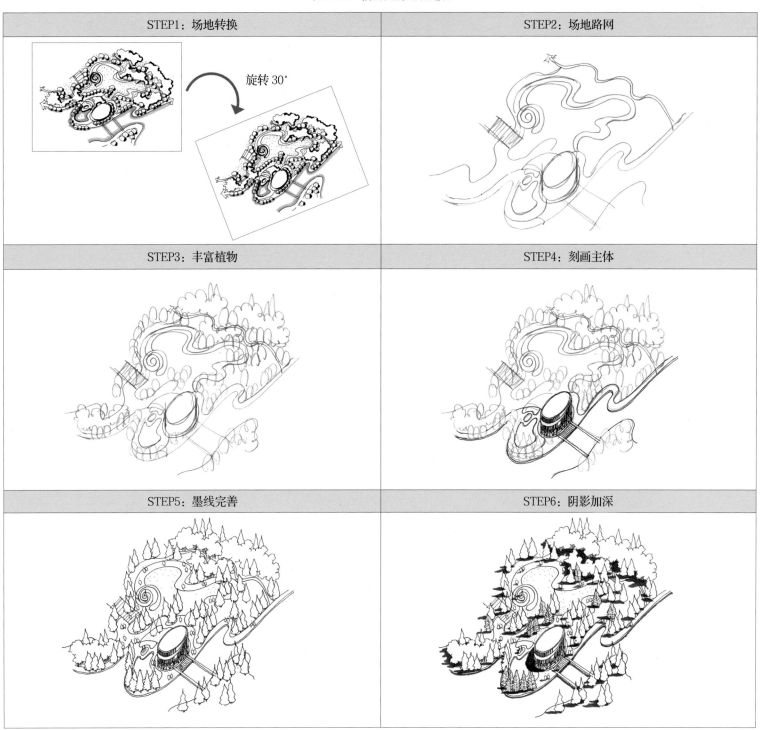

2.3.5 景观扩初图

景观扩初图指的是在方案设计的深化阶段，为进一步明确设计中铺装的规格、材料、尺寸、色彩、植物品种等细节而绘制的图。

景观扩初图常见的比例有 1 ：100、1 ：50、1 ：30 等。景观扩初图示例如图 2-14 所示。

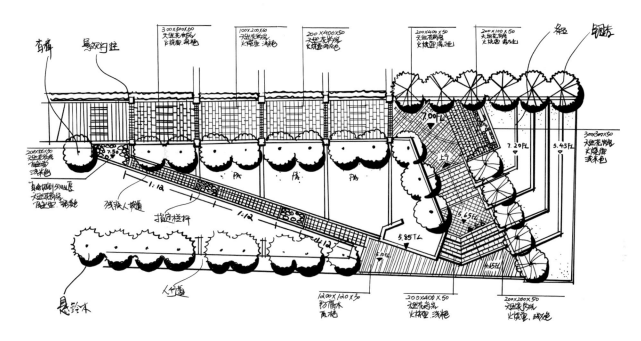

节点平面放大图（一）

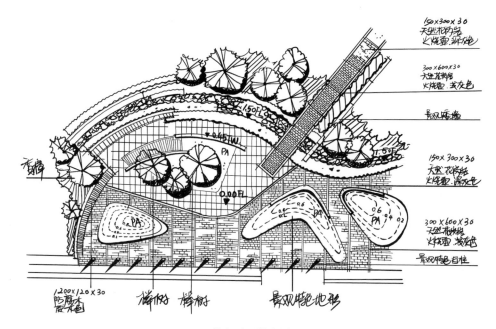

节点平面放大图（二）

图 2-14　景观扩初图示例

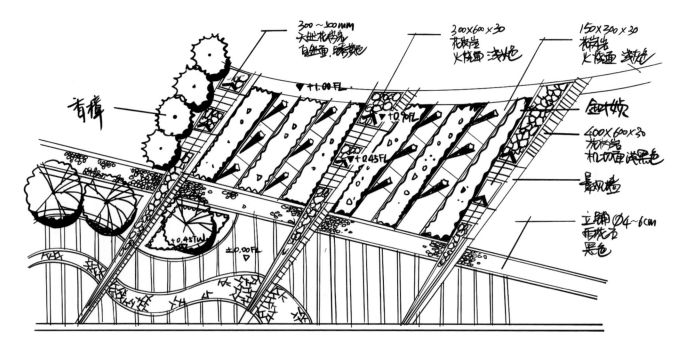

节点平面放大图（三）

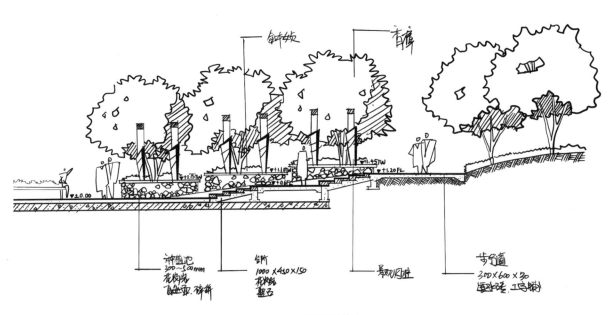

剖面图放大

续图 2-14

2.3.6 标题

标题是风景园林快题设计表达成果的第一眼成果。标题一般有标准化的"快题设计"几个字，也可以适当增加有主题的副标题，突出设计特色和亮点。一般标题可以提前练习好标准化的题目，在快题设计考试中加快应试速度。标题示例如图 2-15 所示。

图 2-15 标题示例

2.3.7 设计说明

风景园林快题设计的设计说明一般通过简要的文字阐释设计理念、整体构思和方案特点。设计说明一般包括对设计背景、设计原则和目标、设计主题和构思、大体空间结构及布局、功能分区、道路组织方式等的简要介绍。设计说明的文字应简洁有力、清晰明了，如图 2-16 所示。

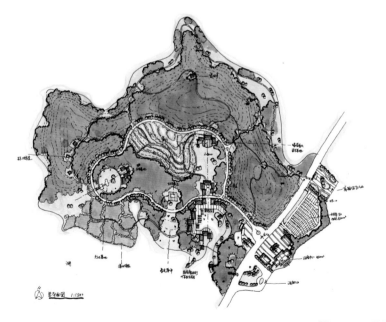

图 2-16 设计说明示例

2.3.8 经济技术指标

设计者要清楚指标条目，了解计算方式，根据风景园林方案设计内容填写经济技术指标（表2-26、表2-27）。

表 2-27 常见经济技术指标（数据为示意）

指标名称	数量	单位	计算方式
总用地面积	5.8	ha	题目给出的规划设计用地总面积
总建筑面积	1000	m^2	规划设计场地内所有建筑的面积总和
容积率	0.02	—	容积率＝总建筑面积／规划设计用地总面积
建筑密度	8.6	%	建筑密度＝（建筑基地总面积／规划设计用地总面积）×100%
绿地率	75	%	绿地率＝（各类绿地总面积／规划设计用地总面积）×100%
绿化覆盖率	83	%	绿化覆盖率＝（绿化在地面的垂直投影面积的总和／规划设计用地总面积）×100%
停车位	30	个	停车位个数

表 2-28 风景园林常见经济技术指标（数据为示意）

用地名称		数据
总用地面积 /m^2		13500
其中	绿地面积 /m^2	9800
	水域面积 /m^2	1200
	道路及铺装面积 /m^2	2300
	建筑物及构筑物面积 /m^2	200
总建筑面积 /m^2		400
建筑占地面积 /m^2		200
建筑密度 /(%)		1.5
容积率		0.015
绿地率 /(%)		75
停车位 / 个		10

2.3.9 图示表现

风景园林常见图示表现如图 2-17 所示。

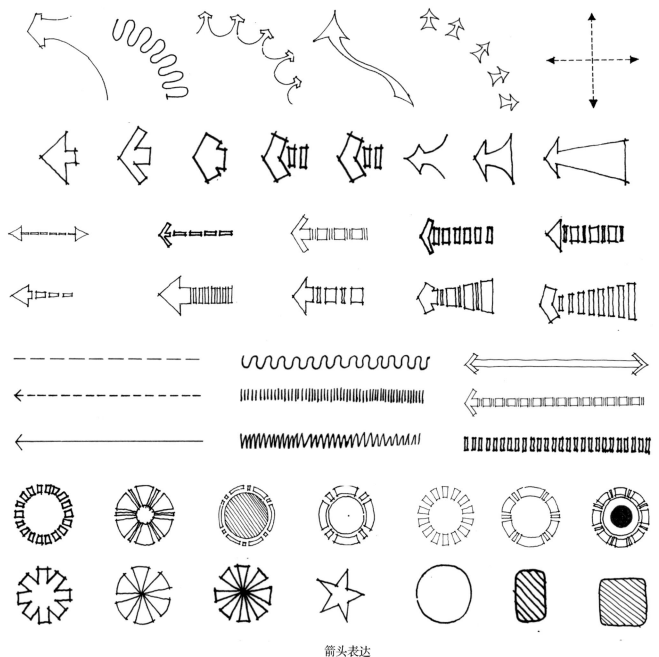

箭头表达

图 2-17 常见图示表现示例

配景人物

配景汽车

续图 2-17

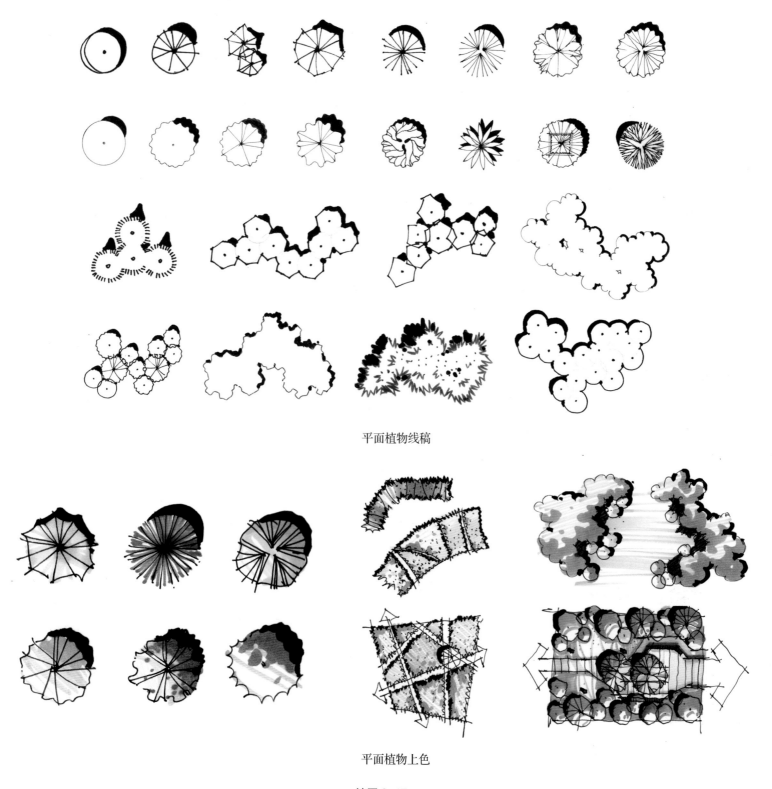

平面植物线稿

平面植物上色

续图 2-17

立体植物上色之水生植物表达

立体植物上色之地被草花表达

立体植物上色之灌木表达

立体植物上色之阔叶乔木表达

立体植物上色之针叶乔木表达

续图 2-17

石头表现

续图 2-17

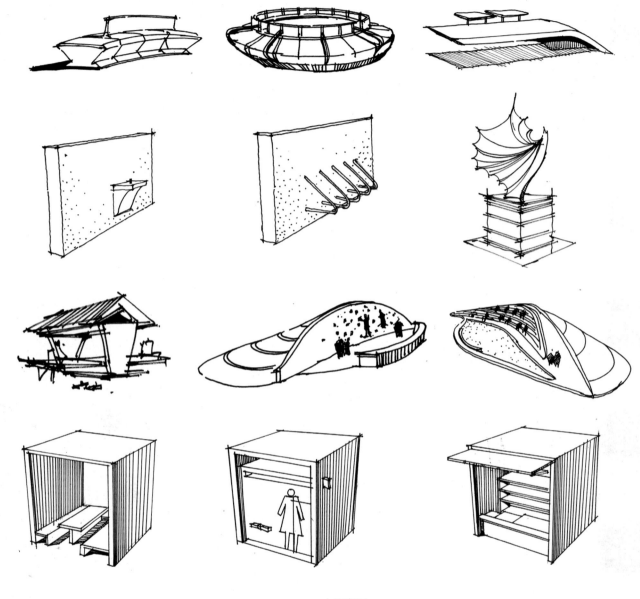

小品表现

续图 2-17

3

六类设计要素
SIX TYPS OF DESIGN ELEMENTS

3.1　要素详解

　　风景园林设计由地形、水体、植物、建筑、铺装、道路六大基本要素组成，设计师根据各要素的特点，通过艺术的手法将其有机组织起来，六者相互影响、相互统一。其中地形、水体构成设计的主要骨架，植物作为生长的载体是最有生命力的，铺装、道路作为实用空间要素是景观真正使用价值的实现主体。

　　风景园林快速设计的构成要素同样是这六种。受限于设计时间的巨大差异，风景园林快速设计的深度和复杂程度较一般设计会更为抽象、简练，这也对设计者掌握要素特点、要素组合方法的熟练程度提出了较高的要求。要素组合的变化是空间和功能营造的差异来源。任何一种要素都可以成为空间构成的核心要素，也可以成为不可或缺的配角要素。而决定要素主次及其在空间中角色的根本原因是对设计空间基本意图的考虑。比如当需要塑造一个活动性强的儿童活动类或休闲活动类空间场地时，建筑物、铺装、构筑物等就是空间的主导要素，如果加入地形空间的概念来组织建筑物、铺装等要素，则设计会变得更有趣。而当我们塑造的是生态教育性空间时，自然的水体、地形、植物则会成为空间的核心要素。因此，各类要素均有机会成为空间的主角。

　　综上所述，根据空间要素的组合关系、主次关系、形式关系的不同，可以演绎出无数类型的空间，以及无数特征相同但形态有差异的空间。设计要素作为设计的构成基础，如同作文中的字词，认知要素是基础，核心组合要素是进阶，合理运用各要素是做好快速设计的前提（图3-1）。

图 3-1　Thomas Balsley Associates+Weiss/Manfredi 设计的纽约猎人角南滨水公园草图

3.1.1 地形

1. 地形的定义及类型

地形是指地表三维空间的起伏变化所形成的多种多样的外貌或者形态。地形是人类活动的基础，是构成园林的骨架。在景观中，地形是组织景观中其他要素和空间的主线。除基本的承载功能外，还可以利用地形的变化，创造出不同类型的活动场地以满足人们的不同需求。根据地形的形态塑造方式，可以将地形分为规则式地形、自然式地形和参数化地形（表3-1）。无论是哪种地形，设计师都应当考虑要形成何种空间感觉，要体现场地何种特点，以及如何为不同需求的人群提供多样的活动空间。

表 3-1　地形的类型

类型	规则式地形	自然式地形	参数化地形
图示			
特征	采用雕塑的人工化形式，融合现代极简设计手法，打造出规则几何、棱角清晰的地形	模拟自然山体和缓坡地形的体态、层次、起伏等，使地形在空间布局中最符合自然规律	有机形态的"大地艺术"式的地表造型，即参数化地形，能给人以强烈的视觉冲击，形成极具个性的场所特征和空间氛围

2. 地形的表达方式

1）等高线表达法

等高线指的是地形图上高程相等的相邻各点所连成的闭合曲线。把地面上海拔高度相同的点连成的闭合曲线垂直投影到一个水平面上，并按比例缩绘在图纸上，就得到等高线。同等比例下，等高线越密的地方地形越陡，等高线越疏的地方则地形越缓（图3-2）。

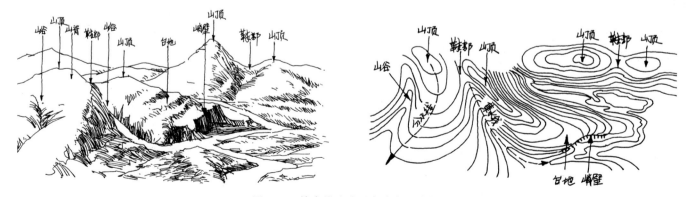

图 3-2　等高线法地形表达（改绘）

在绘制等高线的时候要注意：原有等高线用虚线，设计后等高线用实线；等距的等高线都是各自闭合的，一般不会交叉（除自然的悬崖外）。

2）辅助表达法

地形以等高线法表达为主，辅助的表达方式还有等高距、控制点标高、坡度、坡长标注等。地形的辅助表达方式如表3-2所示。

表3-2 地形的辅助表达方式

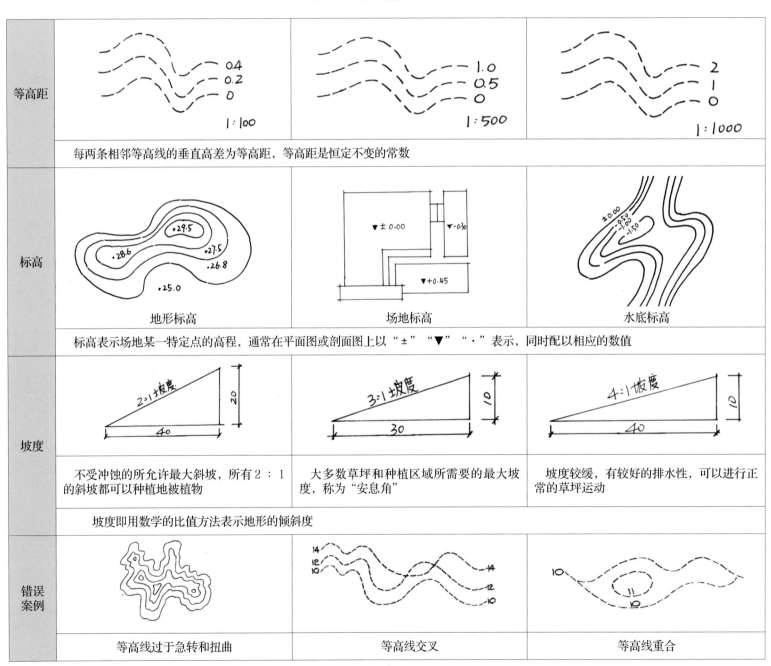

等高距	每两条相邻等高线的垂直高差为等高距，等高距是恒定不变的常数
标高	地形标高 | 场地标高 | 水底标高 标高表示场地某一特定点的高程，通常在平面图或剖面图上以"±""▼""·"表示，同时配以相应的数值
坡度	不受冲蚀的所允许最大斜坡，所有2:1的斜坡都可以种植地被植物 | 大多数草坪和种植区域所需要的最大坡度，称为"安息角" | 坡度较缓，有较好的排水性，可以进行正常的草坪运动 坡度即用数学的比值方法表示地形的倾斜度
错误案例	等高线过于急转和扭曲 | 等高线交叉 | 等高线重合

3）自然地形的表达

自然地形的表达如表3-3所示。

表3-3 自然地形的表达

地形	凸地形	凹地形	山脊	山谷	鞍部	陡崖
表达特点	闭合曲线 外低内高	闭合曲线 外高内低	等高线凹向 数值低处	等高线凸向 数值高处	一对山峰中间 相接处	多条等高线汇合、 重叠在一处
图示						
等高线表达法						
地形特征	四周低、中间高，示坡线表现在等高线外侧，坡度向外侧减小	四周高、中间低，示坡线表现在等高线内侧，坡度向内侧减小	山脊线为从山顶到山底凹下部分，也叫分水岭	山谷线为从山底到山顶凸起部分，也叫汇水线	鞍部为相邻的山顶之间呈马鞍形，两山之间比较平缓的部位	几乎垂直于山坡，峭壁上部凸出，常称作悬崖、陡崖
地形应用	凸地所处位置一般作为登高望远之处，常设以高塔、观景亭作为视觉的焦点	凹地是一个具有内向性的空间，凹地可结合需求内向关系较多的功能布局场所	山脊往往坡度较缓，在不影响生态环境的前提下，可以作为登山步道的选线路径	山谷往往为雨水汇聚处，常出现洪泛的区域，设置场地的时候应分布在相对安全的区域	鞍部同样存在较缓的空间特征，是穿越交通选线的较佳之处	考虑安全防护设施的设置，可在安全前提下安排适度极限体验项目

4）多种地形组合

多种地形组合的表达如图3-3所示。

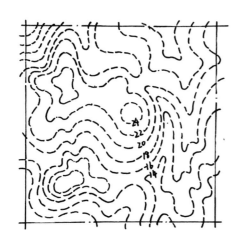

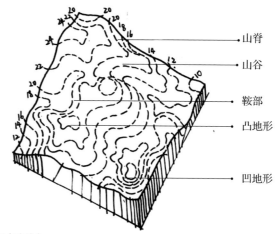

图3-3 地形组合关系（改绘）

3. 地形的作用

地形设计是风景园林设计中的一个重要环节，是户外环境营造的必要手段之一。地形是地表在三维项度上的形态特征，除基本的承载功能外，还起到视线控制、气候塑造、边界限定和空间点缀等作用（表 3-4）。同时，地形还是组织地表排水的重要手段。

表 3-4 地形的作用

作用	图示	说明
视线控制	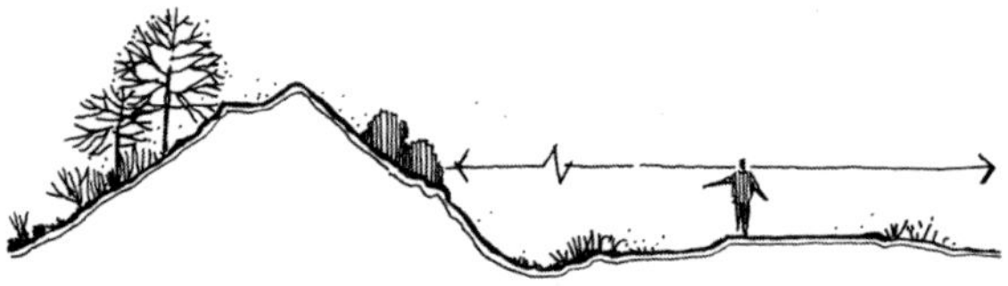	在垂直空间中，地形可以影响可视目标和可视程度，创造出差异化的景观层次；也可以影响观赏者与所见景物或空间之间的高度、距离关系，以此判断方案修正的方向
气候塑造	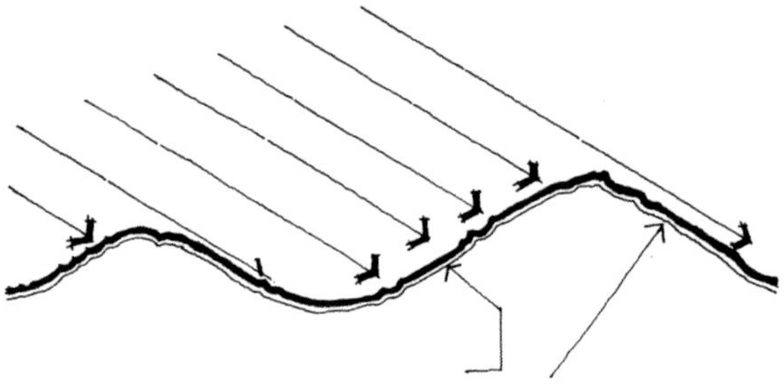	地形能影响光照、风向及降雨量。在北半球，朝南的坡向比其他坡向受到日照的时间要长。通常活动草坪较缓的一面都朝南
边界限定	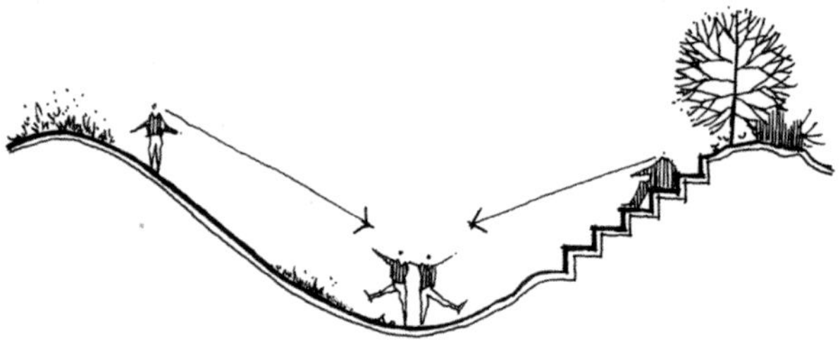	斜坡地形能够阻挡视线，形成空间的边界，水平地形则相反。地形常常成为空间的"骨架"，影响场所特征，控制场地范围
空间点缀	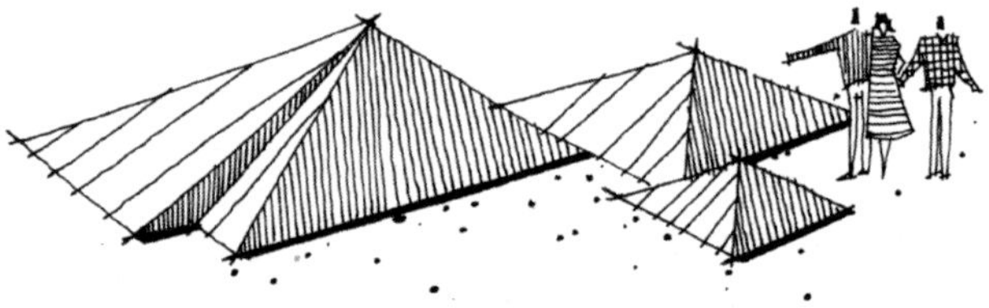	尺度较小的地形常用于场地空间上的点缀，可以与水体、座椅、雕塑搭配，丰富空间内容，增加趣味性

3.1.2 水体

"水者,地之血气,如筋脉之通流也"。人类自古喜欢择水而居,水已成为园林游赏必不可少的内容。在中国的园林中,几乎"无园不水",故水被称为"园之灵魂"。

水本身的特性决定了水景设计的可塑性、流动性、变化性和不确定性。在园林设计中,水体常成为构景的焦点或载体,如湖泊、池塘、溪涧、叠水、喷泉、水池、水幕等,都以水体为题材。水体可以创造空间、隔离空间,因此会成为园林的主体。园林中的功能区、建筑物、植物等也常常围绕水体展开设置。

1. 水体的状态

按水体状态的不同,水体可以分为静水和动水(表3-5)。静水是不流动的、平静的水,常以成片汇集的水面,如湖泊、水池、水塘、人工静水面等形式出现,给人以宁静、安详的感觉。动水常见于河流、溪流、旱喷、喷泉等。

表 3-5　水体的状态

类型	静水		动水	
图示	平面图		平面图	
	立面图		立面图	
要点	静水有着不同的形态,但都是为了强调景观,形成景物的倒影,以起到聚集视线的作用		动水具有活力,喷泉、旱喷常作为空间的汇聚中心,使人兴奋、激动	

2. 水体的形态

按水体形态的不同,水体可以分为规则式水体(表3-6)和自然式水体(表3-7)。

规则式水体常以"L"形、矩形、梯形、多边形等人工化形式出现,或利用这些基本的几何形体进行组合叠加。自然式水体是对自然界中出现的水体形态的移摹和缩写,又分为线状自然式水体和面状自然式水体。线状自然式水体有河、溪、瀑、泉等形式,面状自然式水体有湖、池、潭等形式。

表 3-6　规则式水体

形态	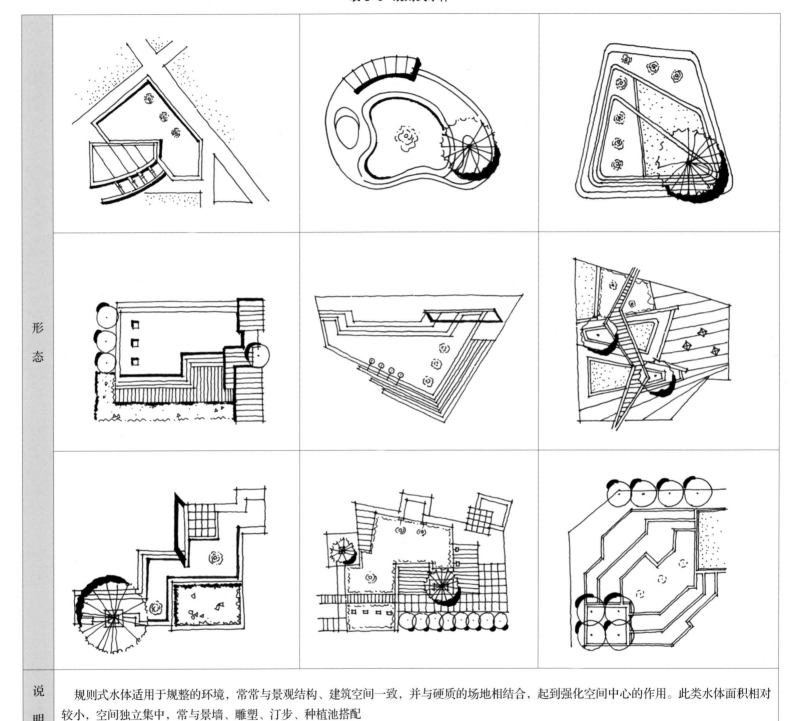

说明	规则式水体适用于规整的环境，常常与景观结构、建筑空间一致，并与硬质的场地相结合，起到强化空间中心的作用。此类水体面积相对较小，空间独立集中，常与景墙、雕塑、汀步、种植池搭配

表 3-7　自然式水体

形态	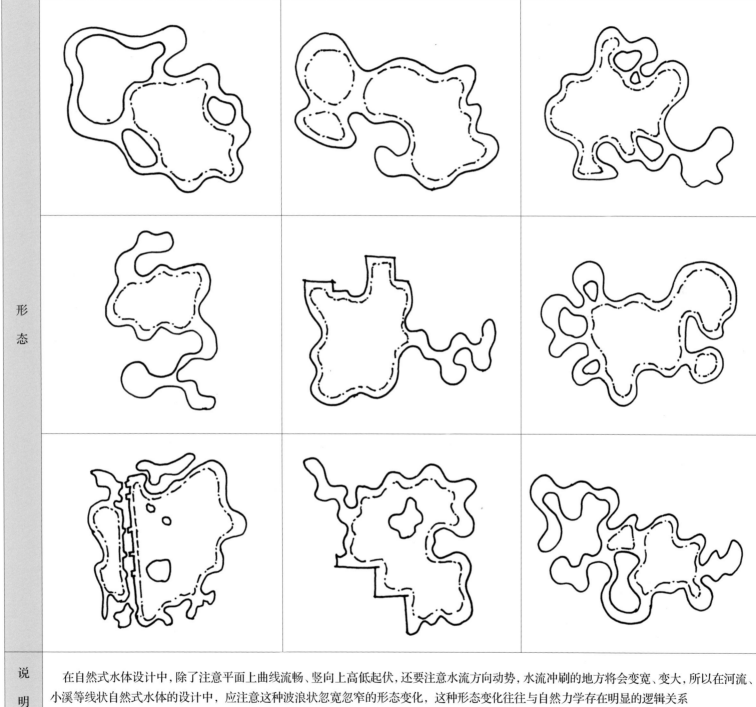
说明	在自然式水体设计中，除了注意平面上曲线流畅、竖向上高低起伏，还要注意水流方向动势，水流冲刷的地方将会变宽、变大，所以在河流、小溪等线状自然式水体的设计中，应注意这种波浪状忽宽忽窄的形态变化，这种形态变化往往与自然力学存在明显的逻辑关系

3. 水体的要素

在大型的风景区、公园中，水体通常是构景的框架和载体。集中而平静的大型水面能使人感到开朗，在水体设计上通常形成一种向心和内聚的格局；小型水面则常被岛屿、湿地、堤岸、桥等分割成若干相互连通的小水域，形成不同的水空间，强调水系的自然多变，还可在水面最窄处设桥，用以分段和联系两岸，并作为景观点（表3-8）。

表3-8 水体的要素

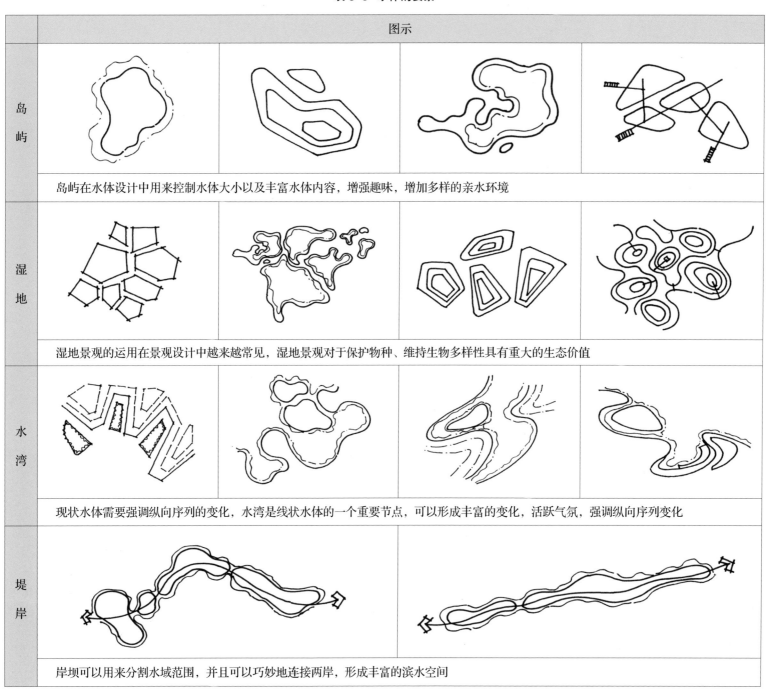

	图示
岛屿	岛屿在水体设计中用来控制水体大小以及丰富水体内容，增强趣味，增加多样的亲水环境
湿地	湿地景观的运用在景观设计中越来越常见，湿地景观对于保护物种、维持生物多样性具有重大的生态价值
水湾	现状水体需要强调纵向序列的变化，水湾是线状水体的一个重要节点，可以形成丰富的变化，活跃气氛，强调纵向序列变化
堤岸	岸坝可以用来分割水域范围，并且可以巧妙地连接两岸，形成丰富的滨水空间

4. 水体的空间类型

大型的场地内，水系形态丰富，点、线、面多种形式的水景并存（表3-9）。根据场地的条件，水体设计时应该注意层次的变化与不同水体空间的营造，要有大有小、有收有放、有静有动、有聚有散。辽阔的主水面与曲折深幽的次水面相结合，形成丰富的空间体验。

表3-9 点、线、面水景的特点和形式

种类	说明	呈现形式
点	点状水常作为一个焦点存在，成为一个节点的亮点，需要满足使用者的亲水性需求，有利于活跃场地气氛	旱喷、大型喷泉、瀑布、跳泉、跌水
线	线状水常以河流、水源、水尾或环绕某一主体的形式存在，重视序列的变化，有收有放、有开有合、曲折有致	河流、水渠、涧、溪
面	面状水以大湖形式出现，常设为中心湖景区，在其上可开展丰富多彩的水上活动。面状水与线状水形成明显的空间差异，正印证了"聚处以辽阔渐长，散处以曲折取胜"	湖、池、潭、湾

水体的空间类型如图3-4所示。

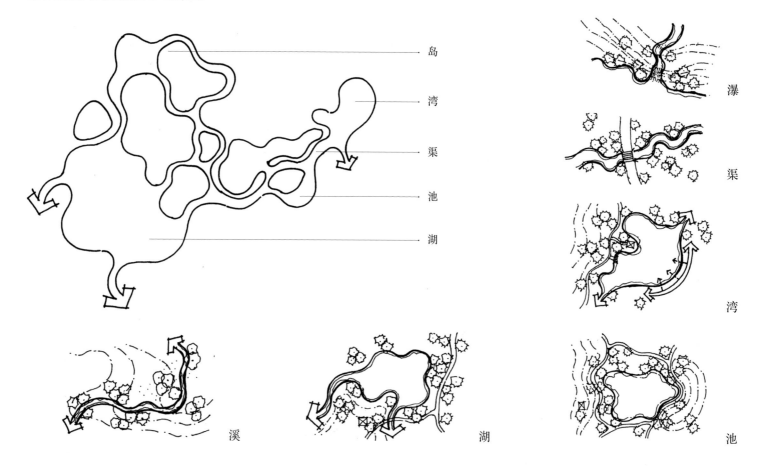

图3-4 水体的空间类型

5. 水体的作用

水体的作用多种多样。水体可以控制视线，营造小气候，并且可以点缀空间（表3-10）。水体常成为场所的构图中心或景观焦点，关乎整体布局。将水面作为空间构成的核心，整个场所的空间结构围绕水面来展开，是常用的景观布局思路之一。

表 3-10　水体的作用

作用	图示	说明
控制视线		在水体设计中，将水体完全暴露在人们的视野之中并非上策。水体应当与植物、地形、建筑等结合，形成遮掩关系，一部分水体消失或隐藏在小山丘或者树丛之后，可以丰富水空间的体验感
营造小气候	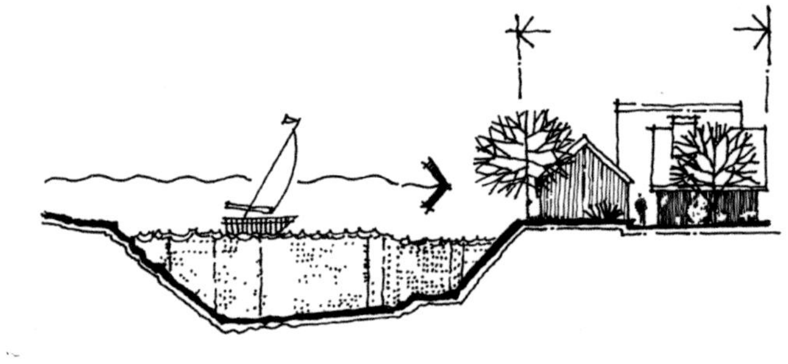	水体可以调节室外环境的湿度和地面的温度，大面积的水域能影响周围环境的温度。水面吹来的微风是小气候价值的最佳体现之一
点缀空间	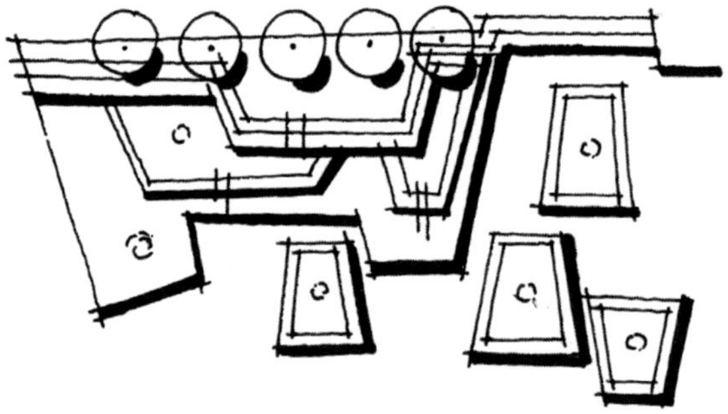	利用水体的可塑性、灵动性、多样性等特点，可以在场地设置喷泉、水池、跌水，从而避免硬质空间的呆板、乏味

3.1.3 植物

1. 概要

"山水是骨架,植物是毛发",植物在风景园林设计中的地位至关重要。与其他设计要素不同的是,植物是有生命的,是时刻变化的,会随着生长和季节的不同呈现出不同的色彩、质地等。比如我国的落叶植物,春天鲜花盛开,夏天浓荫葱郁,秋天金色斑斓,冬天枝叶枯萎。植物分为乔木、灌木、藤本、地被、草本。在风景园林设计中,要熟知植物的外形、质地、色彩、季相特征、地域性、生态习性等,避免园路划分出来后再进行填充式种植。

1)植物的基本尺度

植物的基本尺度如表 3-11 所示。

表 3-11 植物的基本尺度

类型	高度	与人体高度	作用
草本	<0.15m	踝高	底面
地被	<0.3m	踝膝之间	丰富底面
低灌	0.4 ~ 0.5m	膝高	组织人流
中灌	0.9m	腰高	分割空间
高灌	1.5 ~ 1.8m	视线高	围合感
小乔	1.8 ~ 5m	人高	全封闭
大乔	5 ~ 20m	树下活动	上围下不围

2)林缘线与林冠线

林缘线更多出现在平面布局当中,起到较大的平面空间构成作用;林冠线是立面图、剖面图的主要绘制内容。两者往往相辅相成,从平面图和立面图来看,二者往往要一起考虑,注重一致性和相互对应关系(表 3-12)。

表 3-12 林缘线和林冠线

类型	林缘线	林冠线
图示		
说明	林缘线是植物空间所形成的边界,林缘线在设计时要注意收合关系,线条要流畅平滑、有进有退,形成大小不一的空间变化。景深的忽远忽近、透视线的开辟及气氛的形成等都依靠林缘线设计	在水平方向,树冠与天空的交界线叫作林冠线。林冠线的构成方法主要有三种:通过不同形状(如塔形、柱形、球形、垂枝形等)的植物,构成变化强烈的林冠线;不同高度的乔、灌、草搭配,构成变化适中、层次丰富的林冠线;利用地形高差变化,布置不同的植物,形成高低不同的林冠线

2. 植物的组织方式

植物的组织方式如表 3-13 所示。

表 3-13　植物的组织方式

组织方式	孤植	列植	对植
图示	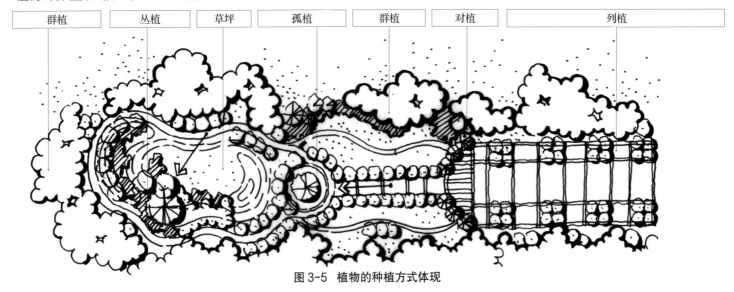		
说明	孤植树的主要功能是遮荫并作为观赏的主景，以及建筑物的背景和侧景	列植是将乔木、灌木按一定的株行距成排成行地栽种，形成整齐、单一、气势壮观的景观	对植是将两棵树按一定的轴线关系作相互对称或均衡的种植，在园林构图中一般作为配景，起陪衬和烘托主景的作用
组织方式	丛植	群植	草坪
图示			
说明	丛植是指一株至十余株树木与乔、灌、草组合成组群的单元	群植是由多数乔灌木（一般在 20 株以上）混合成群栽植而成的类型	绿化草坪是用多年生矮小草本植株密植，并经修剪的人工草地，往往需要以密承疏，用密林来表达草坪

植物的种植方式体现如图 3-5 所示。

群植	丛植	草坪	孤植	群植	对植	列植

图 3-5　植物的种植方式体现

3. 植物围合空间

在种植设计中，想要充分利用植物塑造空间，则必须了解每一种植物界定空间的尺度关系、带给人们的心理感受及正确的视线引导。想要做到意在笔先，应当明确植物空间的差异化构建，常见的有开敞空间、半开敞空间、覆盖空间、封闭空间、垂直空间等，不可漫无目的地布局植物。植物空间指由地面草本地被、垂直面灌木和乔木以及顶平面林下空间或藤本植物共同或单独形成的具有一定范围界限的场所，它与其他要素共同起到围合作用。

常见的植物空间类型如表 3-14 所示。

表 3-14　常见的植物空间类型

类型	平面图	立面图	特征
开敞空间			用草本地被、低矮灌木作为空间的界定，这种空间无隐私性，开敞外向
半开敞空间			半开敞空间相对开敞空间这种外向性空间来说，开敞程度较小，通常是一侧或多侧受到灌木、乔木的遮挡，有一定的私密性
覆盖空间			利用高干树种较浓密的冠幅构成顶部覆盖而四周开敞的空间。这种林下空间在夏季时具有遮阴效果，冬季落叶后显得开敞明亮
封闭空间			这种空间是在覆盖空间的基础上，四周均被植物所遮挡封闭，无方向性
垂直空间			运用高而细的植物构成立面垂直封闭、顶面开敞的空间，有强烈的引导性。水平距离越小，垂直距离越高，则垂直空间带来的引导性感受越强

4. 植物的作用

植物在景观中是必不可少的一部分,除了植物本身的观赏特性对美化空间起到举足轻重的作用,植物在实际的运用中还有多元功能。植物可以用来遮挡视线、营造私密空间、改善局部小环境以及避免日晒等（表3-15）。

表 3-15　植物的作用

作用	图示	说明
遮挡视线	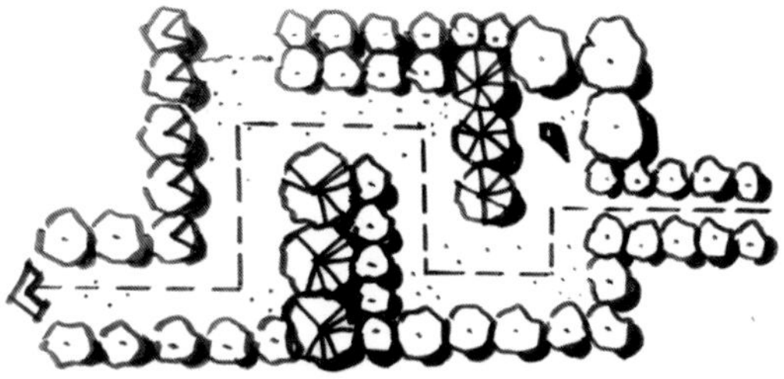	植物可以遮挡景观中一些不可避免的不利因素,比如通风井、人防出入口、厕所、杂物室、垃圾处理站等。或者通过遮挡、分离来营造空间的丰富性
营造私密空间	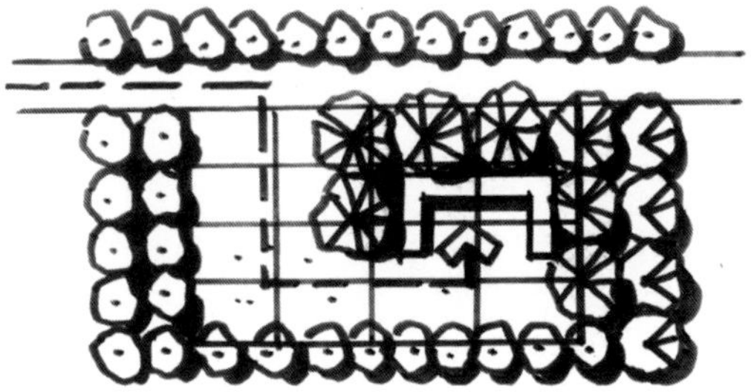	植物可以分隔空间,营造私密环境,避免行人的穿行,并对视线形成阻隔,保证空间的独立性,同时创造舒适、宜人的室外环境
改善局部小环境		特殊植物可以有效缓解机动车带来的空气污染,不仅仅是空气,包括噪声等不利因素都可以得到适度控制
避免日晒	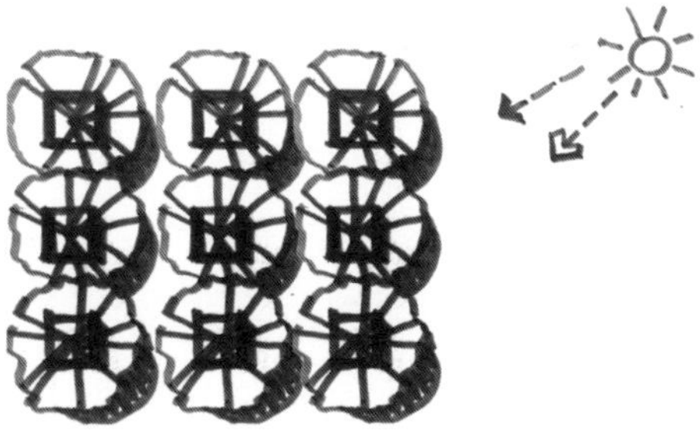	炎热的夏天使得活动人群急需遮阴避晒的环境,而植物的遮阴作用优于多数构筑物,这也是植物最常见的功能之一

3.1.4 建筑

建筑在园林景观空间中是指拥有一定功能设施及重要视觉价值的构筑物。在园林设计中应注重建筑外环境的特点,结合种植、游憩、建筑自身功能,打造舒适的活动空间。

1.园林单体建筑

园林单体建筑类型及要求如表 3-16 所示。

表 3-16 园林单体建筑类型及要求

类型	规模 /m²	总平面形态			说明
厕所	40 ~ 150				面积大于 10hm² 的公园,应按游人容量的 2% 设置厕所蹲位;面积小于 10hm² 的公园,应按游人容量的 1.5% 设置厕所蹲位。厕所的服务半径不宜超过 250m
管理房	50 ~ 100				满足对公园进行管理的需要所建设的公共设施,一般用来存储清扫工具、消防设施或者解决看园人的住宿问题
小卖部	30 ~ 100				以移动或非移动的形式出现,要设置一定的外摆区,明确实际经营面积,配合景观元素设计
茶室	200 ~ 400				茶室应该远离污染源,位于方便顾客到达处,同时避免交通干扰,并且需要结合周边自然环境设计
餐厅	100 ~ 500				建设餐饮服务设施的目的是为游人餐饮需求提供服务,建筑规模及容量要与游人容量相适应

2. 园林建筑组合模式

人们对于生活各方面需求的差异化，导致建筑的功能多样而复杂。在任何一个设计中，必须首先明确建筑的功能需求，依据不同类别建筑对环境的需求来选择空间布局，并且配置不同的建筑外部环境来适应建筑的空间延伸。园林建筑组合模式类型及要求如表3-17所示。

表 3-17　园林建筑组合模式类型及要求

类型	规模 /m²	总平形态			说明
单边形	大于1000				适合沿街、滨水、滨江的商业步道
院落型	—				适合创造出安静、安全、安心的内庭院围合空间
风车型	200 ~ 400				适合现代组团形式的建筑布局
自由型	—				依据整体风格形式，布局相适应的建筑形态

3. 园林建筑组合原则

建筑作为重要的功能设施和视觉要素，是风景园林设计中的重要组成部分。在建筑组合时应考虑序列、呼应、进退及群组基本排布原则（表3-18），少有建筑无序的排列，无序往往会影响方案设计的整体性。

表 3-18 园林建筑组合原则

组合原则	图示	说明
序列		无联系、杂乱地布置建筑，会使整体布局显得杂乱、无序列感
呼应	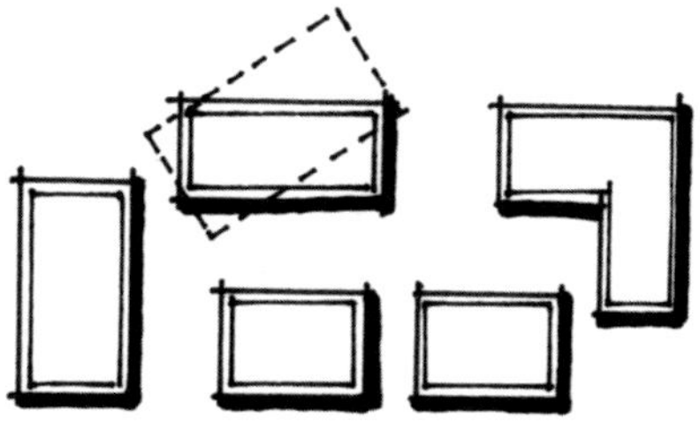	建筑的布置要考虑边线咬合、错位、垂直、对齐等构型手法
进退	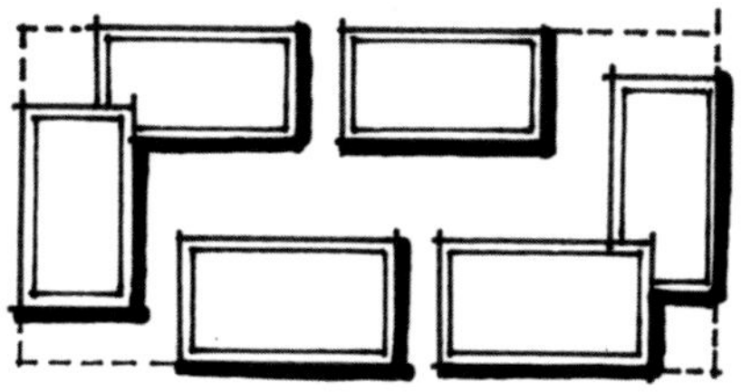	从组群整体的空间形态来考虑建筑之间的进退关系，保证差异性与整体性共存
群组	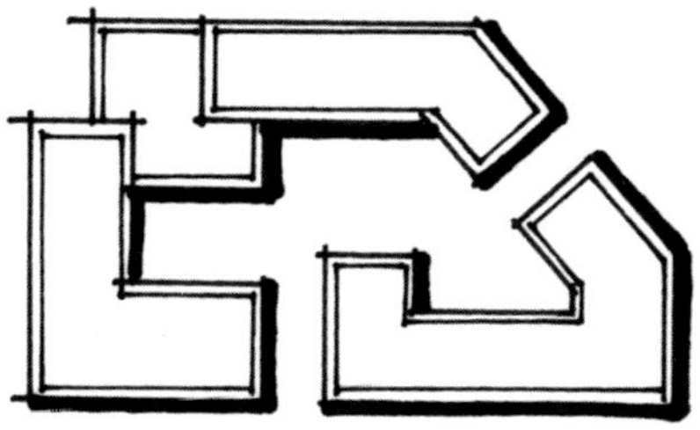	建筑群的组合考虑的不仅仅是建筑本身形成的"图"关系，也要考虑建筑界定的"底"关系

3.1.5 铺装

1. 铺装的类型

铺装指通过硬质材料对三维空间的底界面进行铺砌装饰，被称为"二次轮廓线"，更强调底界面的空间划分。常见的铺装形态组合包含铺装色彩、质感、形式等要素，所表现出的韵律、动感可以强化方案特征。常见的铺装材料有石材、砖、木材、砾石、混凝土、塑胶等。不同类型的铺装除了为人们提供恒定的休息、活动场地，同时诠释了地面景观的特色，以烘托场地的空间特征与个性。比如，石材耐用性强、纹理大气，多用于大尺度集散空间；特色化铺装则更适用于个性强的主题空间。

2. 铺装的表达方式

铺装的表达与其作用存在关联，可以通过一定序列化的铺装表达引导性，通过差异化的手法表达功能，抑或通过宽窄变化、纹样变化来暗示空间变化（表3-19）。

表 3-19 铺装的表达方式

类型	庭院铺装（一）	庭院铺装（二）
图示		
说明	庭院铺装设计需要综合考虑庭院的大小、形状、风格、实用性、可维护性和可持续性等，以实现一个美观、实用、易于维护和环保的设计	庭院铺装设计应该考虑到庭院的实际使用需求，明确合理的步行路线。户外休息区与人行流线可用不同的铺装样式进行区分。铺装可与草坪和植物等结合设计

在不同的场所，铺装的表达方式不尽相同，具体如表 3-20 所示。

表 3-20 不同场所的铺装表达

场所	图示		说明
入口		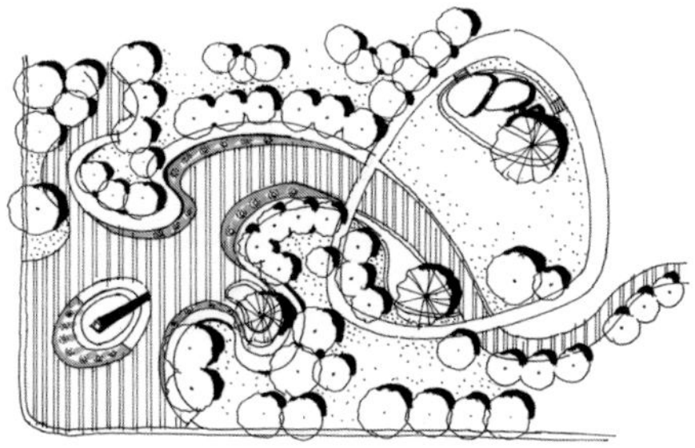	重要入口的铺装要强调入口的标示性，材料主要选用花岗岩，可以采用多种组合形式相互穿插，需呼应整体形体
广场	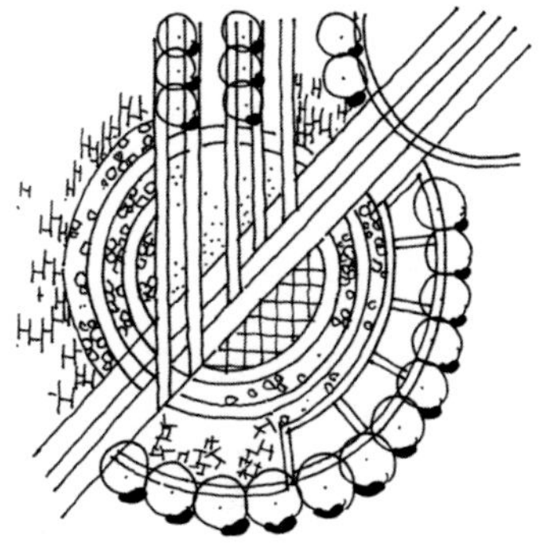		广场铺装多采用花岗岩或广场砖，以回字形或集中式的形式呈现，强调中心感、聚集感
休憩场所	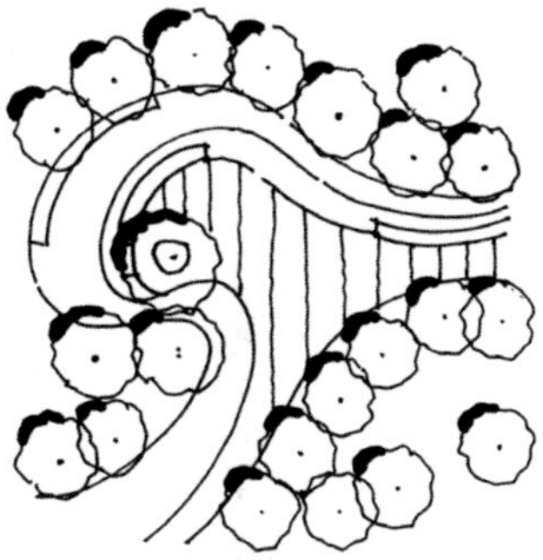		休憩场所选择有机材质居多，诸如木材的质感给人柔和、亲切的体验，所以多用于休憩场所或停留空间
特殊场地	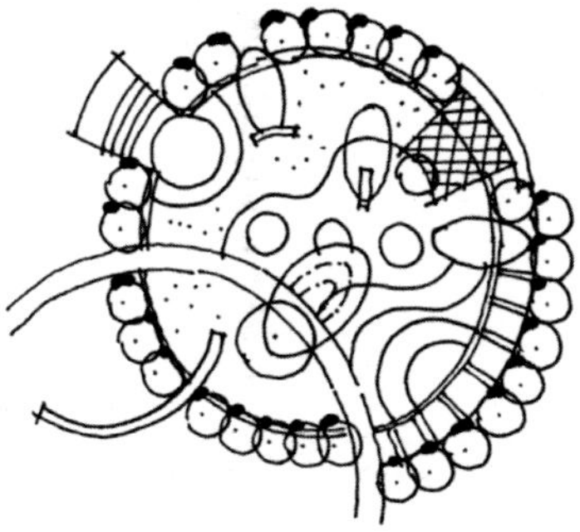	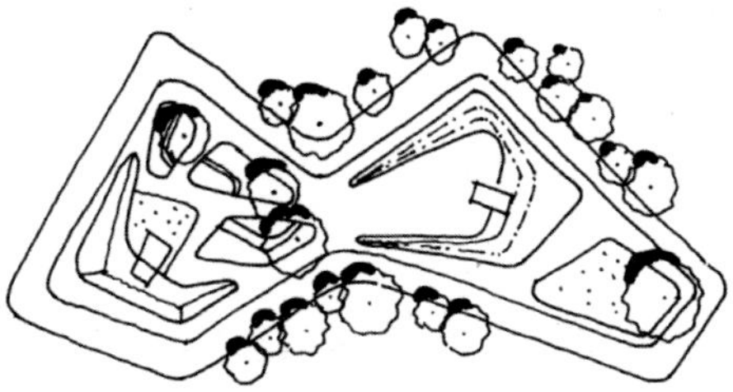	特殊场地多为特殊人群设置，如儿童活动场地、成人运动场、滑板场等。塑胶材料有一定的安全性，还有颜色丰富、形态易塑造的特点，常用于特殊场地铺装

3. 铺装的作用

在进行铺装设计时，应对其平面造型和透视效果加以研究。铺装在设计中起到的作用有场所的统一和整合、空间的分隔和变化、视线的引导和限定、场所的主题和趣味等（表3-21）。

表3-21 铺装的作用

作用	图示	说明
场所的统一和整合	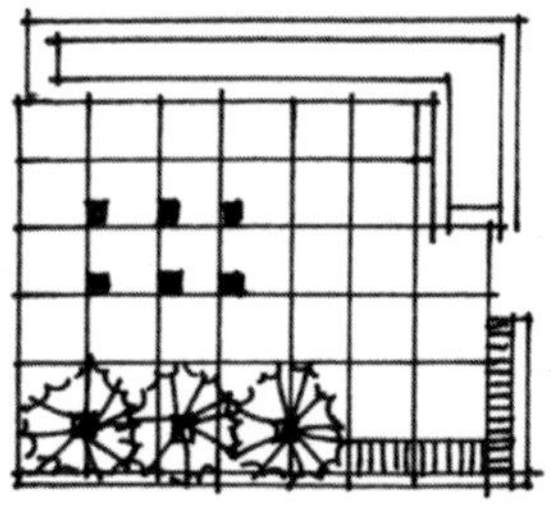	可以用某一种统一的设计语言（直线、曲线、折线等）在铺装设计中主导形态，把与空间相关联的其他要素（座椅、树池、植物、水体、微地形等）整合统一起来，形成包含、对齐、穿插、延伸等关系的视觉联系，确保整个场所设计统一化。而材料过多或图案烦琐，则易造成视觉上的杂乱无章
空间的分隔与变化	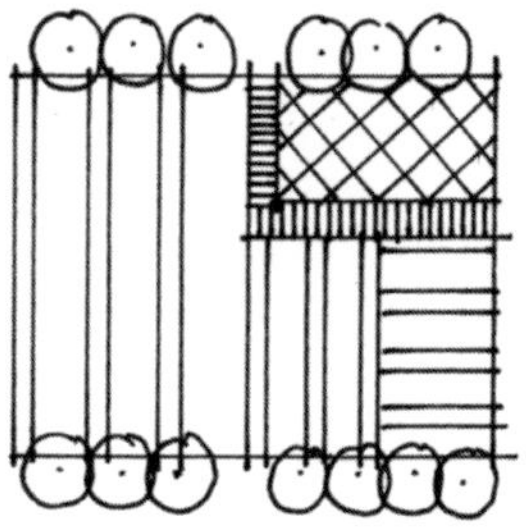	铺装根据场所功能的不同，通过材料或样式的变化分隔出不同空间，使人在使用心理上产生差异暗示。从一个特定的铺装场地跨入另一种不同材料或不同形式的铺装场地时，虽然无任何竖向空间上的变化，但会让人不经意地感受到空间的变化
视线的引导和限定	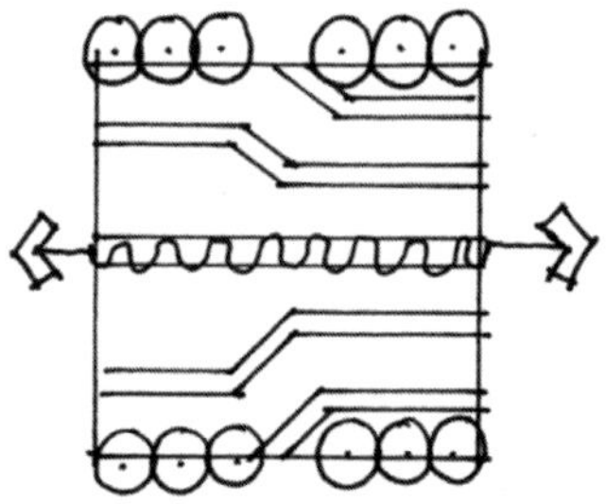	铺装暗示着空间行进的方向性，当铺装与视线垂直或连续形成一条带状道路时，铺装纹样便有了强烈的方向性，可以起到组织路线、引导游人的作用。当铺装与视线方向一致时，便有了强烈的视线扩张作用，强化了场所的空间引导作用，常见应用于大型广场。而铺装采用无方向性、稳定性或聚心性的形态时，则会呈现出静态的停留关系，常用于道路的交汇处、休息场地
场所的主题和趣味	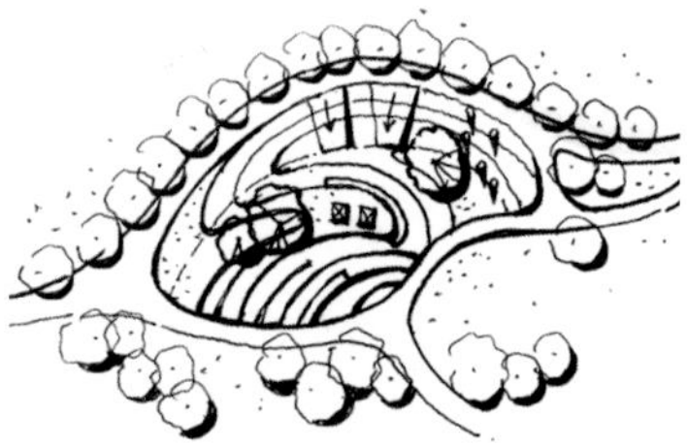	运用隐喻、象征的手法来引发人们视觉上、心理上的联想和回忆，使人们产生认同感和亲切感，是铺装构形设计中创造个性特色常用的手法。在景观铺装的构形设计中还经常运用文字、符号、图案等焦点性创意进行细部设计，以突出空间的个性特色

4. 铺装的设计原则

铺装的设计应遵循一定的空间法则，这类空间法则的目的是优化铺装的差异化作用。常见的法则有相互对齐、元素统一、比例协调等（表3-22）。

表 3-22　常见的铺装设计法则

法则	图示	说明
相互对齐	相邻的铺装造型没有对齐 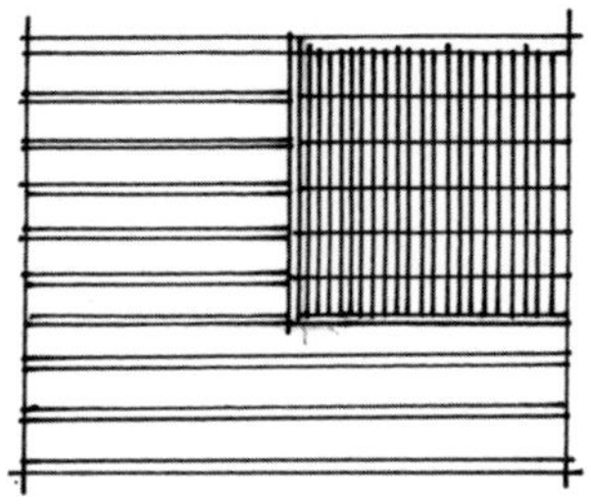　相邻的铺装造型相互衔接 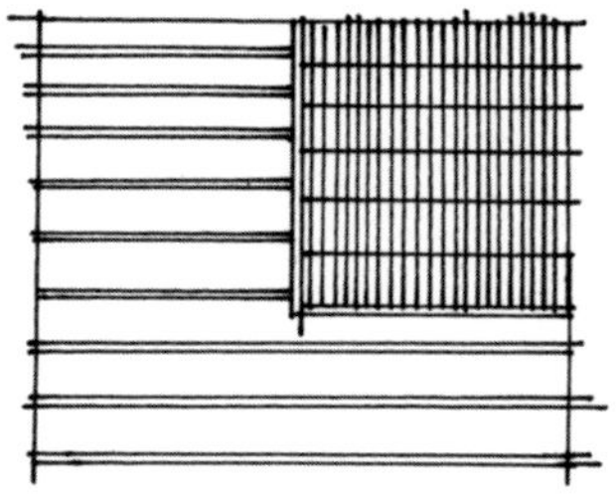	铺装地面有统一协调的作用，铺装材料这一作用，是利用其充当与其他设计要素和空间相关联的公共因素来实现的。在统一场地或相邻场地中，不同的铺装形式之间应有延续性，成为一个整体
元素统一	铺装与景观元素相统一 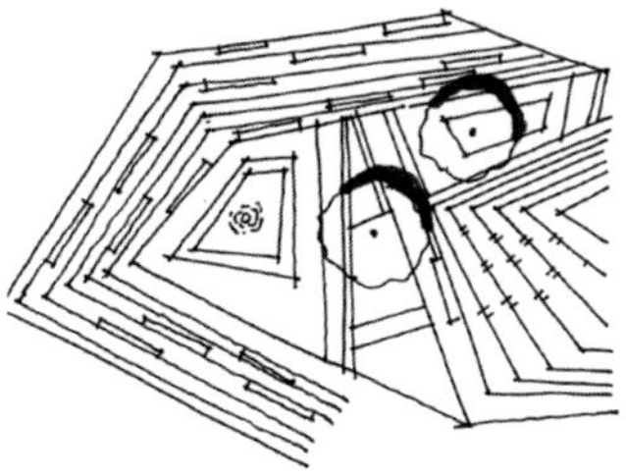　铺装与景观元素不统一 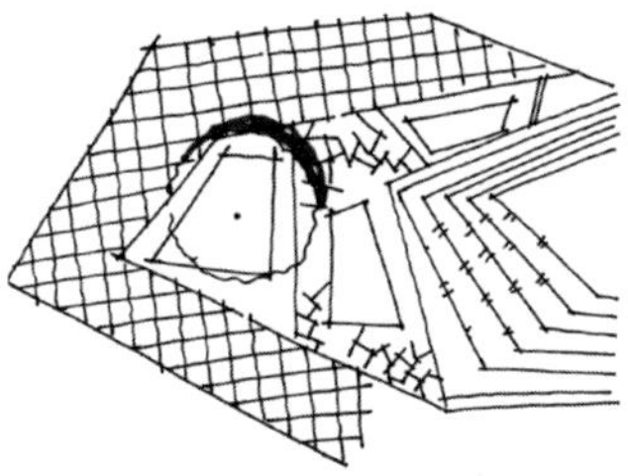	铺装还具有构成和增强空间个性的作用。用于设计中的铺装材料及其图案和边缘轮廓，都能对所处空间产生重大影响
比例协调	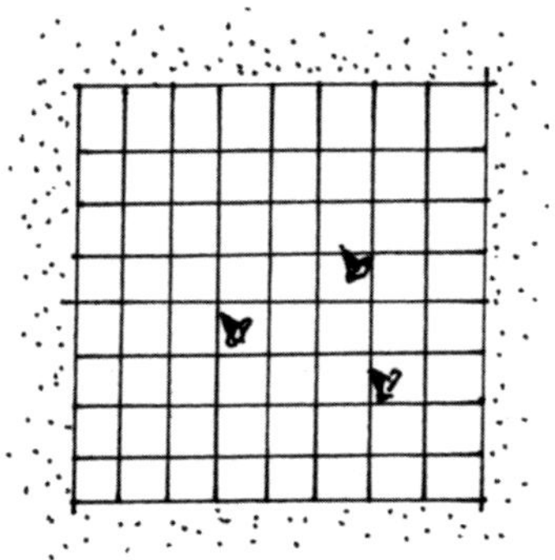 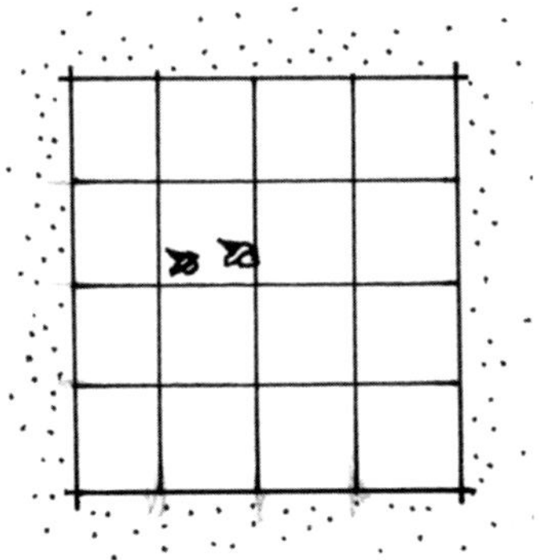	不同尺度的铺装能取得不一样的空间效果。铺装的分隔大小、间距都能影响外部空间的比例。铺装的尺寸较大会使空间产生一种宽敞的尺度感，常见于广场；而形体较小、分隔紧凑的铺装形式，则使空间具有亲切感和私密感，如面积较小的安静的休憩空间、私家庭院等私密性场所

3.1.6 道路

道路是景观中的骨架，是形成景观的主要结构要素。道路将景观划分成不同的空间，实现功能活动的联系，形成空间的基本组织构架。

1. 城市道路

城市道路作为风景园林设计的外部环境，虽不在设计范畴内，但很大程度地在视线、交通、噪声、可达性等方面影响着场地设计。因此，作为设计的基础储备知识，对城市道路的基本类型必须有清晰的认识。城市道路体系中的车行道路系统一般以快速路、主干路、次干路、支路四个等级出现在任务书和现状基址图中（表 3-23）。

表 3-23 城市道路

类型	时速 / (km/h)	车道数量 / 个	道路总宽 /m	转弯半径 /m	图示
快速路	80	在特大城市或大城市中设置，用中央分隔带将上、下行车辆分开，是供汽车专用的快速干道，主要联系市区内主要区域和主要近郊区，通行能力强	35 ~ 45	—	7 2 8 5 8 2 7
主干路	60	联系城市的主要骨架，承担城市主要交通任务的干道。主干道沿线不宜设置过多的行人及车辆出入口	45 ~ 55	20 ~ 30	12 5 12
次干路	40	辅助主干道联系各个区域和集散地，分担主干道的交通负荷。次干道两侧允许设置吸引人流的公共场所，并可设置停车场	30 ~ 50	15 ~ 20	8 5 8
支路	30	次干道与街坊道路的连接，为解决局部地区的交通而设置，以服务功能为主。部分主要支路设有公共交通线路或自行车专用道	15 ~ 30	10 ~ 20	8

2. 内部道路

内部道路是满足园区内部人们游览步行所需要的道路，以体系化、层次化的交流逻辑组织。内部道路有主园路、次园路、小园路和特色园路（表3-24）。

表3-24　内部道路

类型		特征	图示
主园路		主园路是景观中的游览主轴线，全程无障碍处理，避免出现锐角，不宜过分集中，也不宜与场地边缘过近。首尾应当相连，形成流畅环状，并串联每一个功能区与主出入口。还要满足消防、急救等必要的车辆通行需求。主园路的主要作用更偏重交通	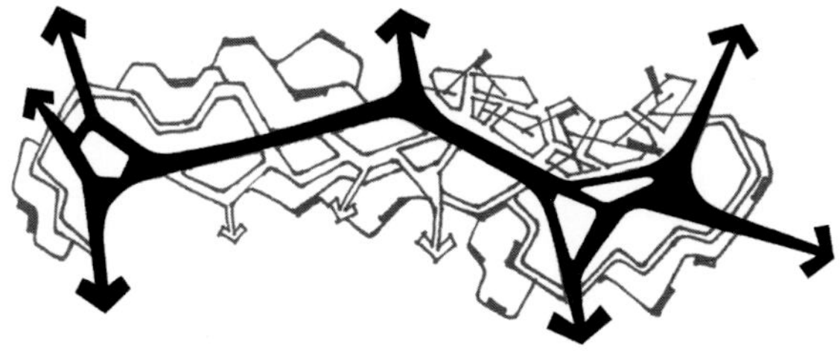
次园路		次园路是主园路分出的"枝干"，串联每个功能区的不同景点（广场、建筑），是主园路的辅助道路，其作用以浏览观赏为主。"此路不通"是园路设计最忌讳的，切记避免出现回头路	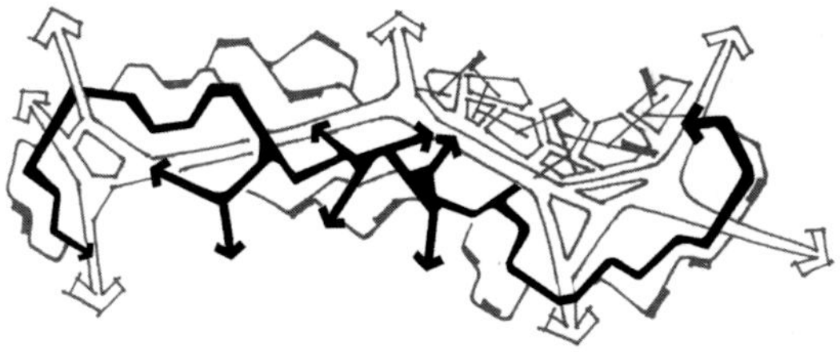
小园路		小园路可根据观赏功能的要求自由布置，是分布较为广泛、联系特殊节点和私密空间的道路，这类园路主要是供人们散步休闲的。在通往孤岛、山顶等限制性较强的路段，可以设计原路返回	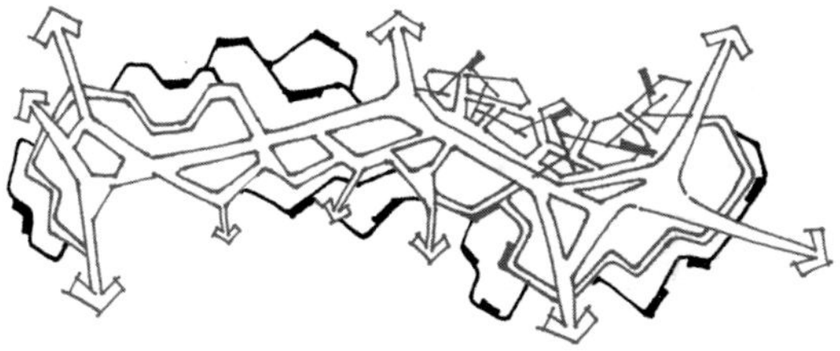
特色园路	木栈道	以观光体验为主要目的的木质道路，通常作为联系湿地、岛屿的景观构筑物。林中穿行步道、特色高架桥、登山道等，均可以木栈道的形式存在	
	慢跑道、自行车道	以健身、骑行为目的的特色园路，通常以塑胶跑道为主。可与地形结合，亦可与其他园路并线或独立设置	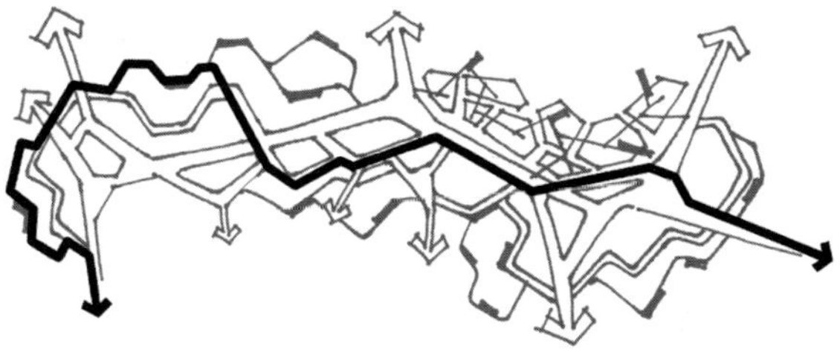

3. 道路的功能

道路的功能主要有三大类，即组织与联系、游览与引导、停留与休憩（表3-25），这些功能不受形式限制。

表 3-25　道路的功能

功能	图示	说明
组织与联系	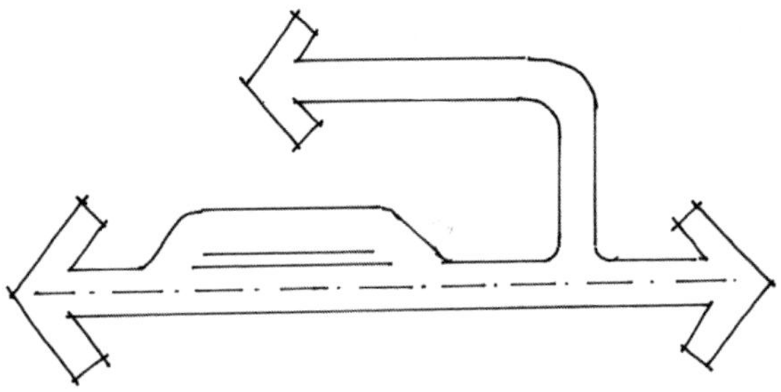	景观道路往往在一定景观区域内起到客货流运输的职能，一方面承担着游客的集散、疏导等客流运输的职能，另一方面又起到满足景观绿化和安全、消防、服务设施等园务工作的货流运输职能
游览与引导	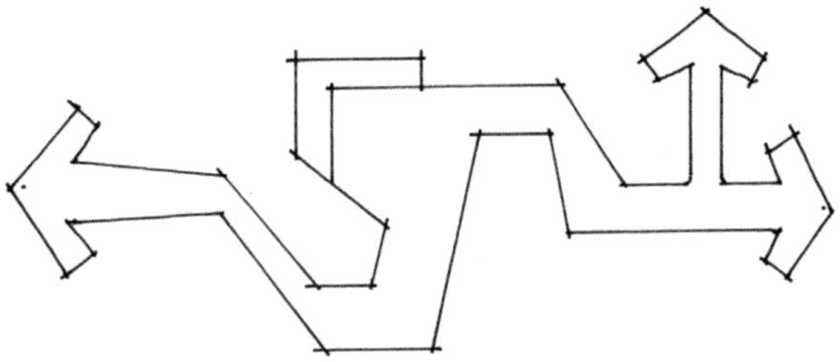	作为线性空间，景观道路承担着组织景观单元和游览序列、引导游人游览的作用
停留与休憩	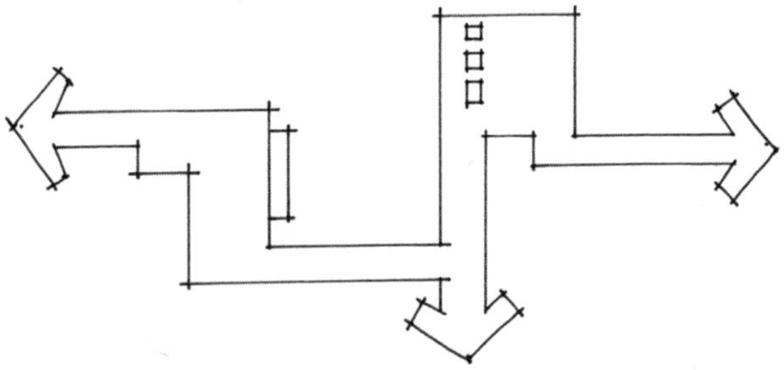	景观道路在提供通过性路径的同时，还承担着为游客提供停留、休憩空间的功能

4. 道路的布局结构

道路的布局结构与场地形状、场地内园路障碍物的形态和位置息息相关，狭长的场地多见带状道路，方正、规则的场地多见环路（表3-26）。道路的布局结构必须因地制宜，不能生搬硬套。

表 3-26　道路的布局结构

类型	图示	说明
环状结构	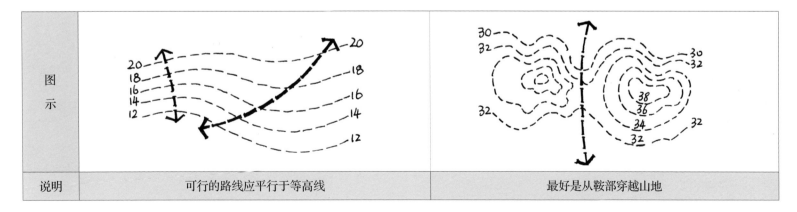	常用的一种景观道路的结构布局形式，一般表现为由主路形成闭合的环状，次路与支路从主路上分出，相互衔接、穿插和闭合，构成依托主环的辅助环路，具有互通互连，有效联系各景区、景点，少有尽端路的优点
带状结构		在带状景观区域（如滨河绿地、道路绿地等处），由于受用地进深的限制，常常会采用带状的景观道路布局结构形式，主要表现为主路呈带状布局，次路和支路与主路相互连接，可形成局部环状。该结构具有主路始端与终端各在一方，无法闭合成环的缺点
枝状结构		以山谷与河谷地形为主的公园，由于受地形限制，主路一般布置于地形较低、坡度相对平缓的主干谷底，而位于两侧的景点需要以次路或支路与主路相连接，次路与支路往往会以尽端的方式与主路相连，于是主路、次路和支路在平面形式上便如同具有多个分枝的树枝一样，形成枝状的道路结构形式。从游览性来讲，该结构具有多走回头路的缺点

5. 道路的选线原则

当需要在坡度更大的地面上下行时，为了减小道路的陡峭度，道路应斜向于等高线，而非垂直于等高线。如果穿行山脊地形，最好的穿越方法是从鞍部穿过（表3-27）。

表 3-27　道路的选线原则

图示		
说明	可行的路线应平行于等高线	最好是从鞍部穿越山地

3.2 要素空间组合

风景园林快速设计六大要素在不同的空间中扮演着不同的角色，各要素之间的组合决定了这个空间的特质，这也是通过要素变化制造出空间变化、方案差异的根本。

3.2.1 按自然要素组合类型

1. 核心组合要素：地形、植物、建筑

方案解析：将建筑与自然场地紧密结合，通过造型堆坡、植物营造等手法打造不同的开合空间（图3-6）。

2. 核心组合要素：地形、植物

方案解析：地形与植物群落结合，地形高处作开敞处理（图3-7）。

图3-7 软质要素组合

3. 核心组合要素：地形、植物、建筑

方案解析：在一个空间中，廊、阁、亭与地形、植物进行穿插组合，形成有机的整体（图3-8）。

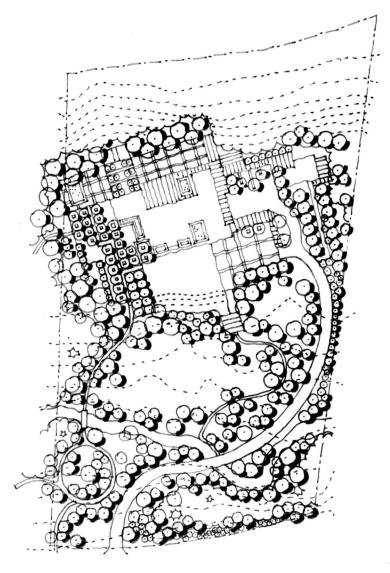

图3-6 庭院设计方案（改绘）

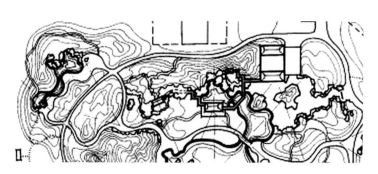

图3-8 某公园方案（引用）

4.核心组合要素：地形、水体

方案解析：景观格局为三湖、两岛、一堤，围绕开敞水面环湖堆山，两岛与主峰隔湖相望，同时将水面划分为三个层次，形成大小不一的丰富空间（图3-9）。

5.核心组合要素：植物、水体、建筑

方案解析：多类要素的协调组合和对河道水景的充分利用，呈现出清楚的空间结构。植物通过群植围合出私密的建筑院落空间，与水景相互融合，打造出静水庭院空间（图3-10）。

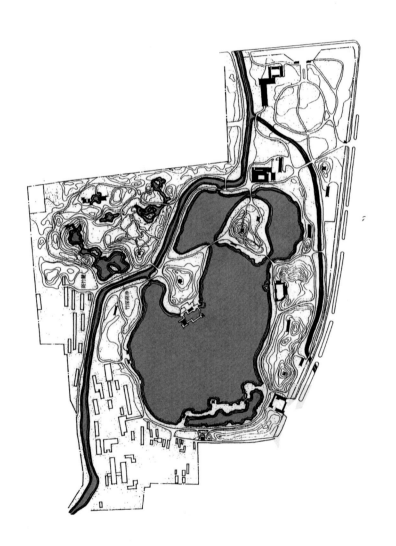

图3-9 紫竹院公园平面图（引用）

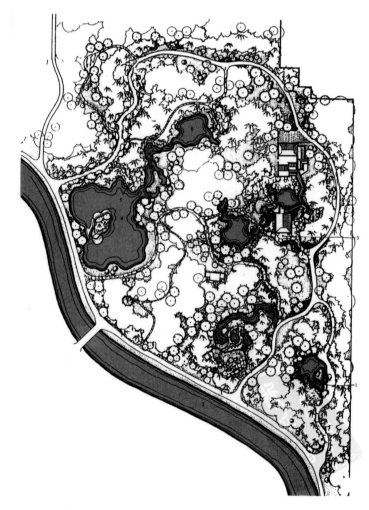

图3-10 紫竹院公园筇石园平面图（引用）

6. 核心组合要素：地形、水体

方案解析：山体坐北朝南，与南侧孤岛互为对景，在水体的处理上注重驳岸线的进退变化，注意岛屿体量上与形式上的变化，孤岛与半岛相结合，避免了雷同（图3-11）。

7. 核心组合要素：地形、水体、植物

方案解析：公园注重植物上的围合，保留几片大草坪，形成疏朗开阔的空间。山体坐北朝南，狭长的水体空间形成南北向的虚轴，注重开合关系，避免了南北通透的空间轴线（图3-12）。

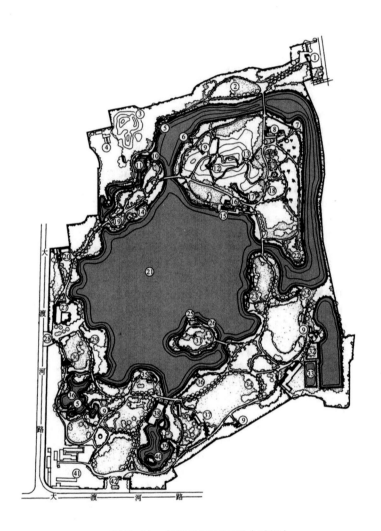

图 3-11　长风公园平面图（引用）

（图片来源：魏民《风景园林专业综合实习指导书》）

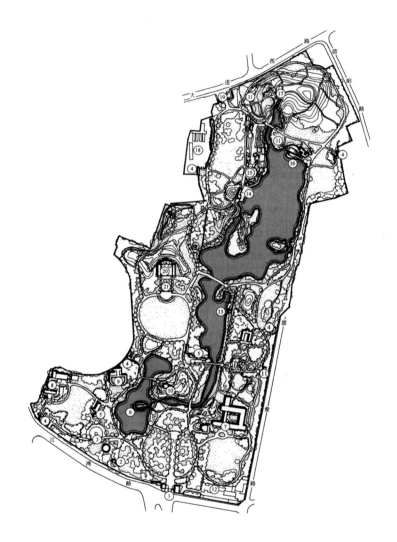

图 3-12　鲁迅公园平面图（引用）

（图片来源：魏民《风景园林专业综合实习指导书》）

3.2.2 按构成特征组合类型

1. 点状景观

点状景观是相对于整个环境而言的，其特点是景观空间的尺度较小且主体元素突出，易被人感知与把握。点状景观一般包括住宅的小花园、街头小绿地、小品、雕塑、十字路口和各种特色出入口。

1）核心组合要素：植物、铺装

方案解析：根据不同的功能属性，围合出丰富的点状空间，注意空间边缘形态的关联性，既分散又整体（图3-13）。

2）核心组合要素：道路、建筑、植物

方案解析：植物的布置顺应道路的曲折关系，沿道路呈线性布置，注重视线的遮掩关系。建筑出入口处应设有特殊铺装（图3-14）。

图3-13 临港滴水湖景观方案局部（改绘）

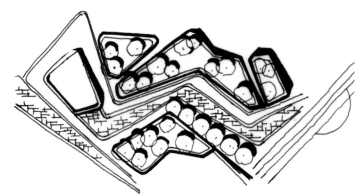

图3-14 景观要素的组合方式（自绘）

2. 线状景观

线状景观又称带状景观，主要包括公园主轴线、商业步行街道、城市道路绿化、沿水岸的滨水休闲绿地等。设计时注重线状轴线本身的连续性，还需注重其与城市路网、山水视线、用地性质之间的关联性。

1）核心组合要素：地形、道路、植物

方案解析：地势向水面逐步降低，可以通过植物、地形上的处理进行竖向上的无障碍化解，形成比较灵活、有机的线性植物造景与线性道路。中部轴线上的滨水广场用大量硬质铺装打造较为开敞的空间，通过台地层层叠起，满足亲水性需求（图3-15）。

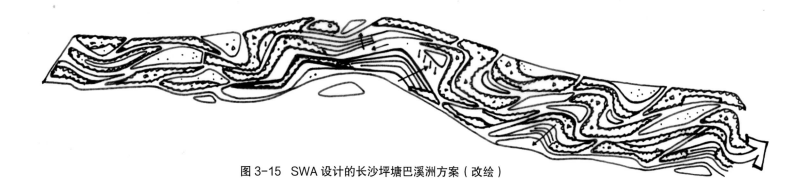

图3-15 SWA设计的长沙坪塘巴溪洲方案（改绘）

2）核心组合要素：地形、道路、建筑、植物

方案解析：河道从基地中间穿过，同时被城市道路切割成多块，基地趋于破碎化。考虑到整体的统一性是方案的重点，尤其是带状空间更应该着重考虑，于是水系、园路就成了整体统筹的核心（图3-16）。

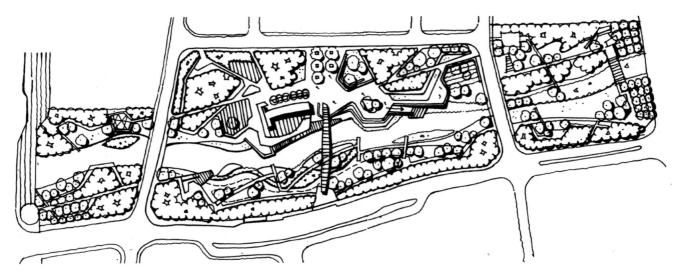

图 3-16　艺普得常思公园方案（改绘）

3）核心组合要素：水体、植物、铺装

方案解析：线性空间的设计在要素组织上必须把控组合的开合节奏关系，如同音乐旋律，重复太多容易单调，变化太多容易散乱，该设计方案对于整体的空间节奏把控较佳（图3-17）。

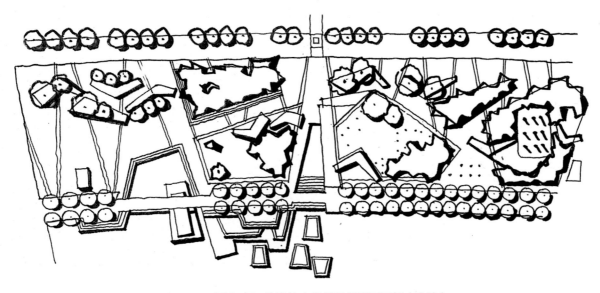

图 3-17　临港滴水湖景观平面图局部（改绘）

3. 面状景观

面状景观主要指尺度较大、空间形态较丰富的景观类型。从城市公园、广场到部分城区，甚至整个城市都可作为一个整体面状景观进行综合设计。

1）核心组合要素: 地形、道路、建筑、植物

方案解析：大尺度城市公园的设计在要素的运用上，往往更多地以水体和绿地要素组合的开敞空间、功能空间、特殊空间为空间单元进行构建，并以各类要素之于空间的作用来完善空间。控制空间尺度与层次的意义大于个体元素运用的考虑（图3-18）。

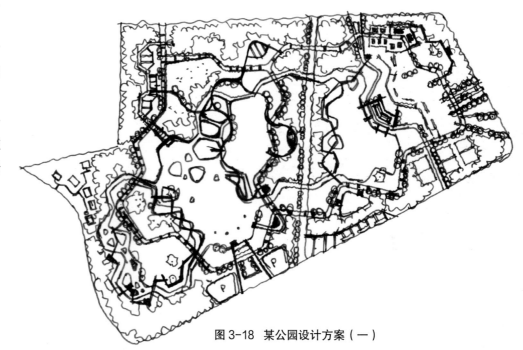

图 3-18　某公园设计方案（一）

2）核心组合要素: 地形、道路、建筑、植物

方案解析：同为大尺度公园，以现状地形要素作为整体空间背景，保留大量的现状地形、植被要素，以明确的主次空间构想，通过水景、园路、植物的种植刻画空间，形成富有整体性与空间差异性的设计方案（图3-19）。

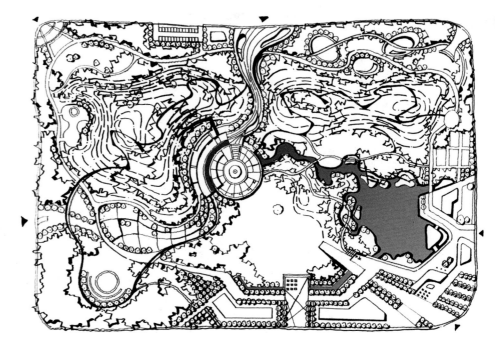

图 3-19　某公园设计方案（二）

3）核心组合要素：地形、道路、建筑、植物

方案解析：破碎化的城市开放式公园绿地，要素组合运用的方法和大尺度公园的相似。空间组合上应该更多地表达出地块的关联性，可以通过空间轴线、空间团块等手段，反映地块关联的整体性（图3-20）。

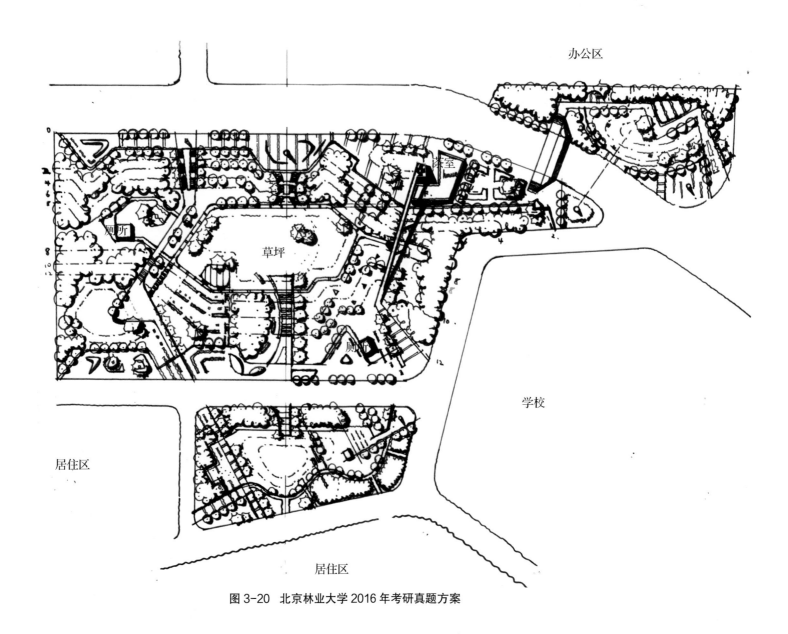

图3-20 北京林业大学2016年考研真题方案

3.2.3 按空间属性组合类型

1. 公共性空间

公共性空间一般指开放性强、人们可以自由出入，周边有较完善的服务设施的空间。人们可以在公共性空间中进行各种休闲和娱乐活动，因此其又被形象地称为"城市的客厅"。

1）核心组合要素：道路、植物、建筑

方案解析：开放性空间道路与城市路网肌理取得对应关系，形成三条南北相通的轴线，与城市空间融为一体，"V"字形道路贯穿东西。植物北部以开敞的草坪空间为主，南部以阵列密植树阵为主，空间上形成强烈的对比关系（图3-21）。

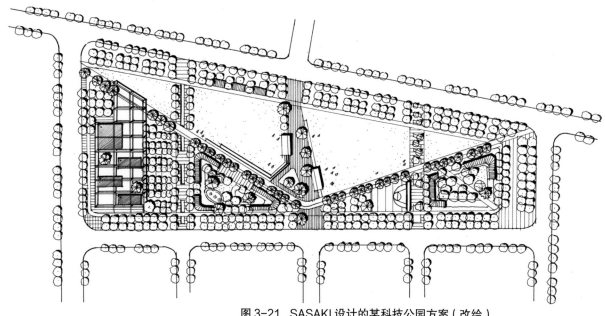

图 3-21 SASAKI 设计的某科技公园方案（改绘）

2）核心组合要素：道路、水体、建筑、地形

方案解析：这个线性开放式公园作为适宜步行的绿色走廊连接分离的城市邻里，并将其与周边景观融为一体。一条特色游步道贯穿东西，连接每一个重要的景观节点（图3-22）。

图 3-22 SASAKI 设计的上海嘉定紫气东来公园草图（引用）

2. 半公共性空间

半公共性空间有空间领域感，对空间的使用有一定的限定。半公共性空间介于公共性空间与私密性空间之间，其在大尺度场地中可以作为过渡空间，在小尺度开放度较高的场地中可作为主要的使用空间。半公共性空间具有极高的实用性。

1）核心组合要素：道路、铺装、植物

方案解析：周边被城市道路围合的绿地空间，设计时考虑对外的开放性，同时应对喧闹环境通过元素来界定，是内向兼具半开放性质的活动空间（图3-23）。

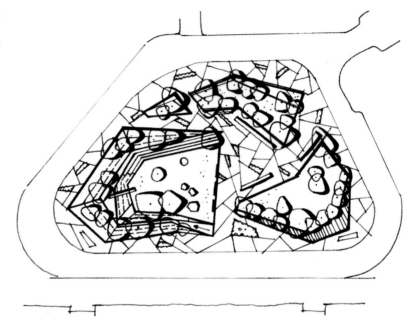

图 3-23　魁北克阿卡迪公园广场（改绘）

2）核心组合要素：道路、铺装、植物

方案解析：差异化路径的设置，在保证场地通达性的同时兼顾一定的半开放性，尺度越小的空间越需要从空间层次的体系来深化设计，而巧妙的设计可以避免方案过于复杂，同时可以提升空间层次（图3-24）。

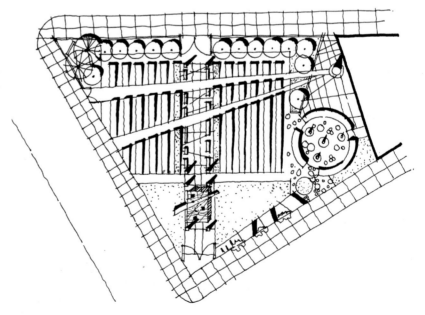

图 3-24　街头绿地方案（改绘）

3. 半私密性空间

半私密性空间领域感更强，尺度相对较小，围合感较强，人在其中对空间有一定的控制和支配能力。

1）核心组合要素：植物、地形、道路

方案解析：以半私密性空间为主的场地，在流线组织上呈现出"收紧"的状态，与附属绿地的设计特征相呼应（图3-25）。

2）核心组合要素：植物、地形、道路

方案解析：摩尔广场的设计整体上不能说是半私密性空间，但是考量其使用的特征性与内向性，其功能更多地呈现出半私密特性（图3-26）。

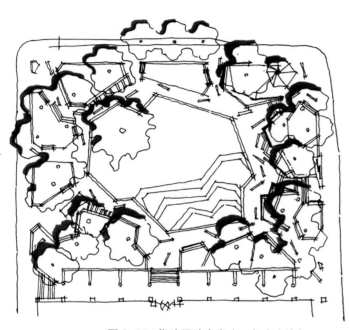

图 3-25　街头绿地方案（一）（改绘）

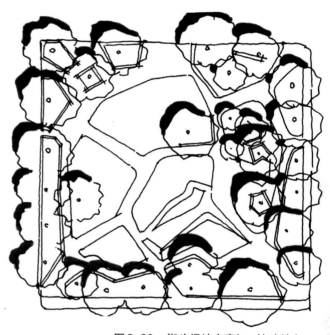

图 3-26　街头绿地方案（二）（改绘）

3）核心组合要素：地形、植物、道路

方案解析：东西向长距离的竖向叠加要素与中部的开敞空间形成鲜明对比，而使用功能空间隔离外部，面向开敞，也呈现出一点半开放、半私密特性（图3-27）。

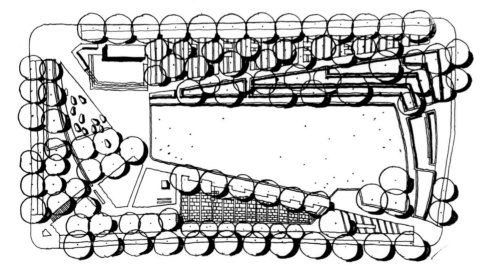

图 3-27　街头绿地方案（三）（改绘）

4. 私密性空间

私密性空间是四种空间中个体领域感最强、对外开放性最小的空间，一般多是围合感强、尺度小的空间，有时又是专门为特定人群服务的空间，如住宅庭院、公园里偏僻幽深的小亭等。

核心组合要素：水景、道路、植物。

方案解析：以水面为核心的场地组织，水面既是场地的分离要素，也是私密空间的景观要素，这给方案设计要素的多元价值属性增加了可能，也是一个合理设计应该拥有的特征（图 3-28）。

图 3-28　EDSA 水岸空间方案平面图（改绘）

十八条设计法则
EIGHTEEN DESIGN PRINCIPLES

风景园林快速设计由地形、水体、植物、建筑、铺装、道路这六种常见的要素构成，这些要素的构成方法都是基于一定的要素组合法则的。在掌握了这六类要素的基础之上，总结出十八种构成法则，以和谐统一、富有变化的空间特色为设计目标。

这十八条法则具有较高的实践价值，可以提醒设计师避免基本的错误。当然这些法则不是绝对的，只是引导设计者熟练掌握快速设计的方法。这也是设计基础的一个重要组成部分。

4.1 七条统一法则

1. 统一法则一：平行

图面中的相邻线条在关系上宜以和谐的形态出现，避免图纸中的线条毫无理由地出现太多方向（图4-1）。

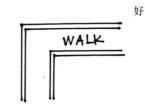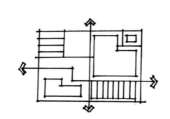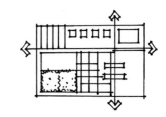

图4-1　平行法则

2. 统一法则二：垂直

垂直相交的两条线条，同样存在一种直接明了的互动关系，具有稳定的平衡感，配合平行线条易于组建空间骨架（图4-2）。

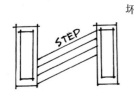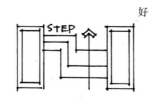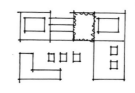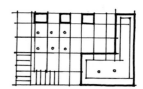

图4-2　垂直法则

3. 统一法则三：收于一点

多条相邻线条共同收于一点具有更强的指向性以及规律性，更易于吸引眼球，提高复杂图形中的可识别性（图4-3）。

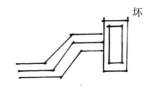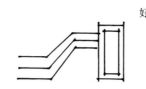

图4-3　收于一点法则

4. 统一法则四：对齐

空间作为一个整体，可以使大量重复出现的要素形成序列，注重边界的对齐，在视觉上形成有组织、成体系的构图效果（图4-4）。

坏　　　　　　　好

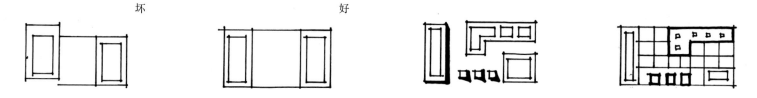

图4-4　对齐法则

5. 统一法则五：复形

图面上形状不宜太多的原因是多种图形会带来混杂的图面效果，和谐的图面应当是有节奏的，所以重复图形是常用的一种原则（图4-5）。

坏　　　　　　　好

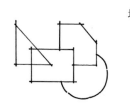 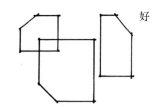 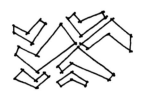 

图4-5　复形法则

6. 统一法则六：比例

比例常用于相邻同质要素面积、长度、宽度、高度数量上的规模关联。无论直线、曲线、折线，相邻段的比例都应接近（图4-6）。

坏　　　　　　　好

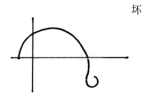 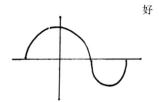 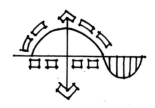 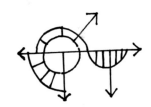

图4-6　比例法则

7. 统一法则七：顺畅

以混合曲线为例，相邻曲线宜相切，形成流畅、连贯的视觉感受（图4-7）。

坏　　　　　　　好

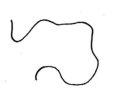  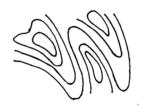 

图4-7　顺畅法则

4.2 六条变化法则

1. 变化法则一：进退

当一组重复出现的相邻的平行线条数量多到产生单调效果时，需要将其中一个要素制造出垂直的空间关系（图4-8），比如台阶式的花池。

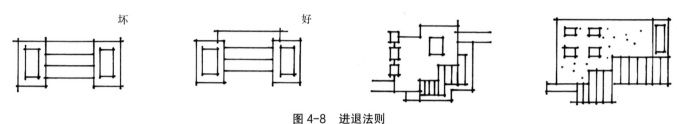

图4-8 进退法则

2. 变化法则二：宽窄

当非交通性的行进路径出现同一宽度的时候会削弱路径的趣味性。路径边界的变化使得空间产生变化，带来更多的趣味性（图4-9）。

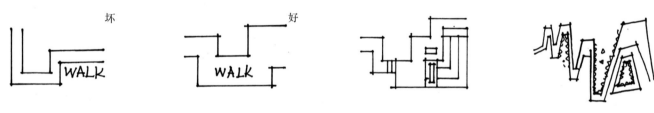

图4-9 宽窄法则

3. 变化法则三：高低

高度变化的各类空间要素在竖向上通过合理的组合，可以增加人视立面空间的主从关系，要素包括地形、台阶、喷泉、植物等（图4-10）。

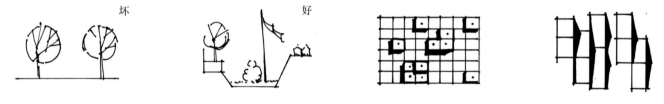

图4-10 高低法则

4. 变化法则四：大小

图面上的形状不宜太多，而同样的图形可以通过大小的变化创造更多的丰富性，增加对比和韵律（图4-11）。

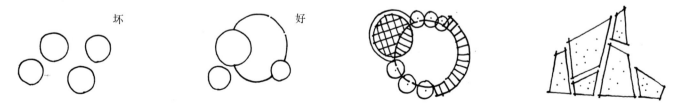

图4-11 大小法则

5. 变化法则五：虚实

两种本底要素不应完全均质平铺，如草坪与树林的关系，完全均布的疏林草坪缺乏活动应有的空间变化，进而导致空间散乱无序（图4-12）。

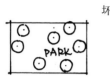
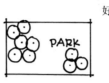
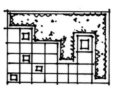

图4-12　虚实法则

6. 变化法则六：不对称

对称的设计给人只设计了一半的感觉，虽然整体均衡，但过于严谨（图4-13）。对称设计在纪念性或仪式性空间中出现较为合理，设计时尽量多采用不对称设计。

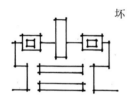
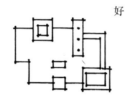
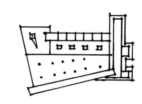
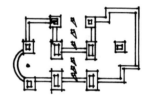

图4-13　不对称法则

4.3　五条和谐法则

1. 和谐法则一：避免锐角

45°以下的锐角在视觉上给人不安全的感受，在工程上造成不必要的浪费，在空间使用上存在死角空间，所以要尽量避免（图4-14）。

图4-14　避免锐角法则

2. 和谐法则二：避免象形

设计形态的最终呈现，应避免存在具体象形，以免造成非主观意图的形象扭曲（图4-15）。

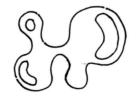

图4-15　避免象形法则

3. 和谐法则三：避免散乱

同质或非同质的要素（如树木、铺装等）在布局时应避免平均无逻辑散布，否则会造成视觉密集恐惧和图面的混乱，让人无法捕获重点要素（图4-16）。

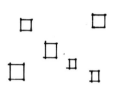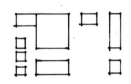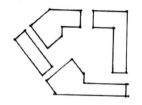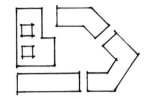

图 4-16　避免散乱法则

4. 和谐法则四：线性统领

设计中常用于空间统领的要素一般是轴线，轴线具有极强的指向性和控制性，周边的要素应与之协调，更好地突出重点（图4-17）。

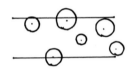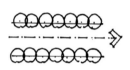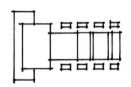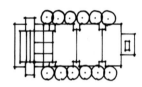

图 4-17　线性统领法则

5. 和谐法则五：核心聚焦

核心区域的空间考虑应具有人群吸引力，通常用造型变化丰富的喷泉、雕塑等具有艺术性、特征性的元素来整合设计（图4-18）。

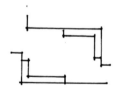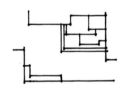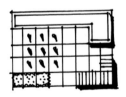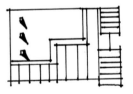

图 4-18　核心聚焦法则

4.4 法则的应用

法则的应用方法如表 4-1 所示。

表 4-1　法则的应用方法

方法	图示	说明
垂直风格式 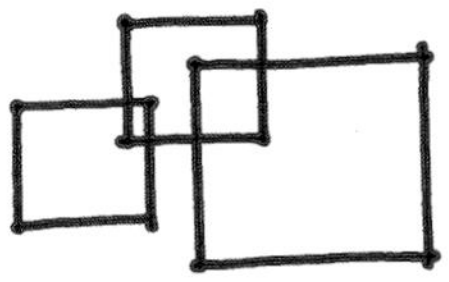	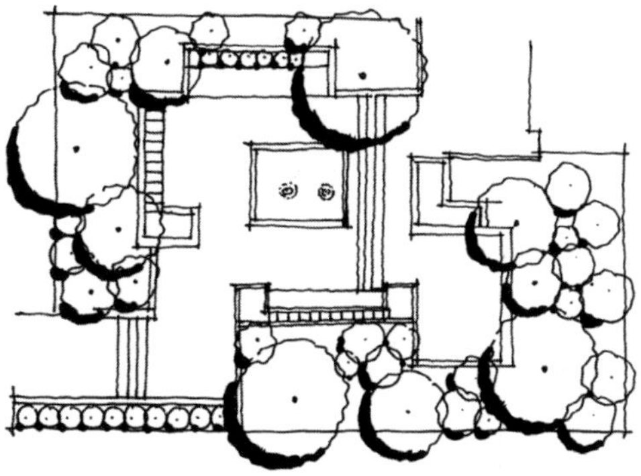	选定垂直风格式的设计方案，选择十八条设计法则中的平行、虚实等法则运用其中，简单法则的运用可以加强设计者对基本设计的把控力
135° 与垂直结合式 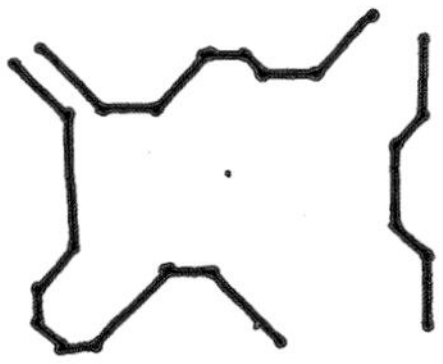	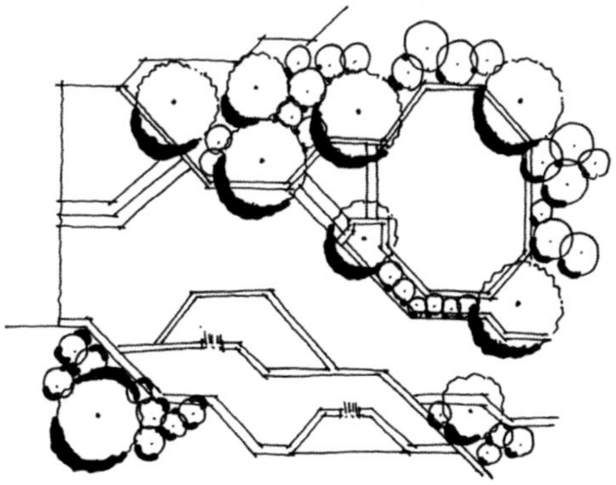	选定 135° 与垂直结合的设计形式，在遵循十八条设计法则的基础上，进一步加入更多的变化法则，以获得更有趣味的构图与空间关系
圆形构图式 	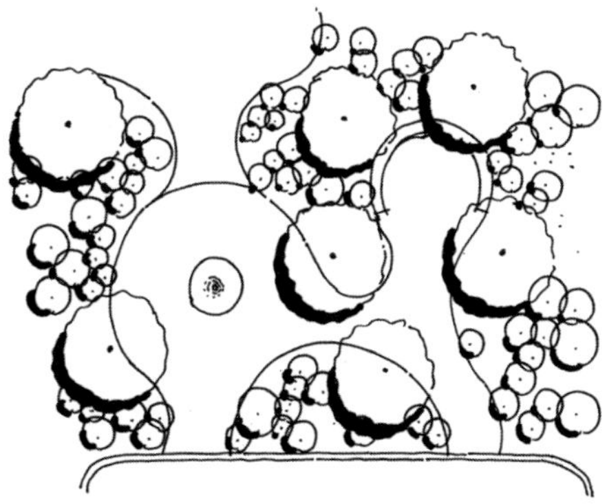	圆形构图式的设计方案，以相对单纯的语言接入，它和垂直风格式的设计法则类似，只是在垂直方案的基础上加入了大小等法则，形成更有焦点的方案，相对于垂直风格，具有更强的图面控制力

方法	图示	说明
不规则式（一） 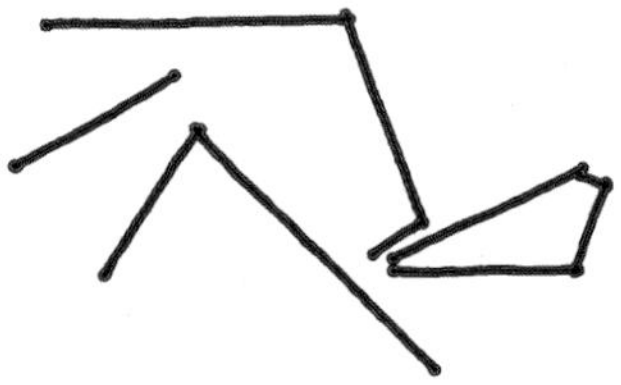	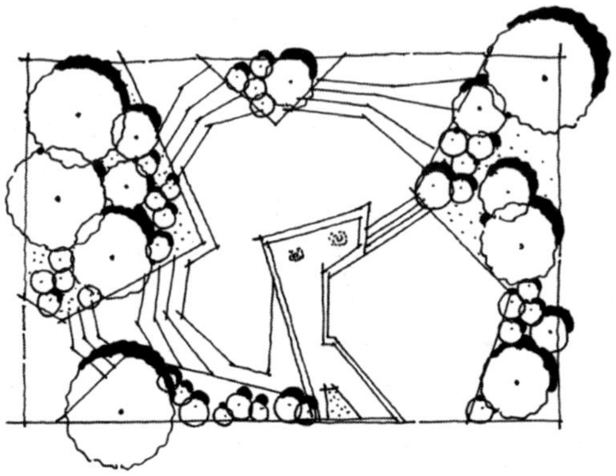	不规则式设计方案（一），加入了更多的变化法则，可以创造出前三类方法没有的设计感，但掌控不好也容易显得凌乱
不规则式（二） 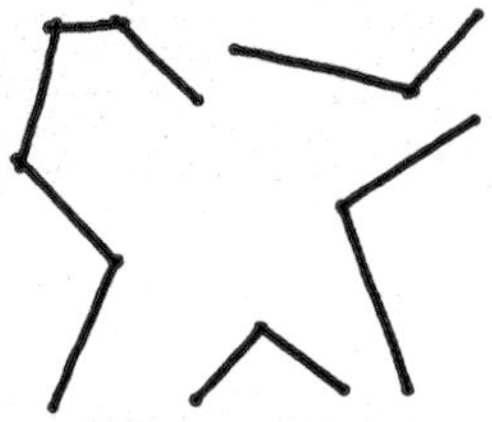	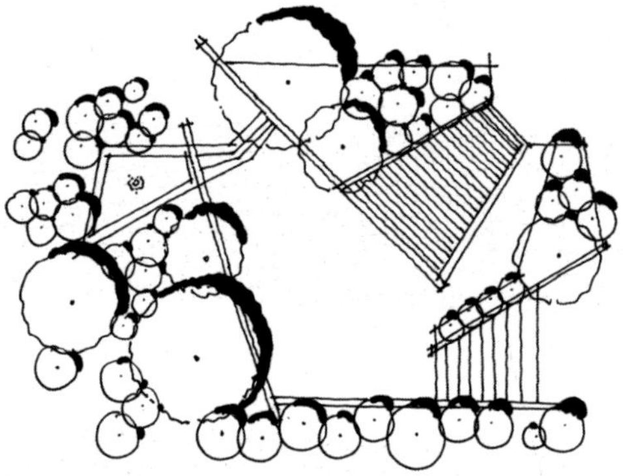	不规则式设计方案（二），统一与冲突并存，取得平衡是关键，平衡后的设计同样可以通过隐性的设计逻辑来体现方案的完整性
整形放射式 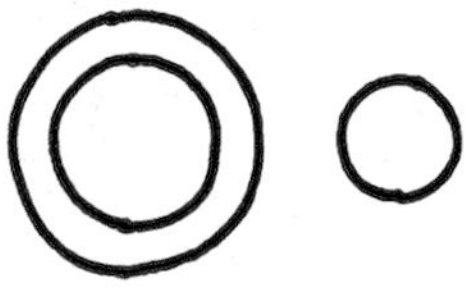		整形放射式以圆心射线创造图面空间的集聚中心感，圆弧平行线通过进退营造图面的整体与变化关系，辅以元素的多元组合，保证空间的丰富性与统一性兼顾

5

一套设计思维
A SET OF DESIGN THINKING

5.1 设计价值观

5.1.1 生态优先

　　工业化带来的环境问题与反思使得生态优先的理念无论在风景园林学、建筑学还是城乡规划学中都得到了深刻认识，而风景园林学更是因依托自然环境，而将生态优先的观念更深入地运用于实践中（图5-1）。大到区域生态网络的整合，小到场地生态要素的保护利用，快速设计都能直接反映出设计者的基本价值判断是否符合学科的自然规律。

 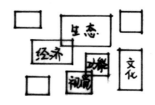 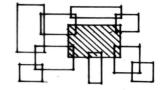

图 5-1　生态优先

5.1.2 以人为本

　　人是城市空间、园林环境的使用者，图面上的构成只是视觉上的感知，设计的目的是让使用的人可以获得良好的体验。因此风景园林设计应当以人的感受、体验、喜好来组织空间、交通和风景园林要素，同时保证在安全、心理上给予正面的反映，充分考虑人需求的多元性与特征性（图5-2）。

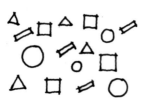  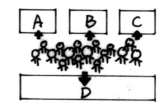

图 5-2　以人为本

5.1.3 经济合理

　　设计本身是对资源的整合统筹，经济合理往往也是设计合理与否的重要评判因子。风景园林设计应遵循土地经济、工程合理的基本原则（图5-3）。设计中的随手一笔，带来的可能是大开大挖、大拆大建的不合理方案，避免设计的不切实际，是快速设计的基本要求。

 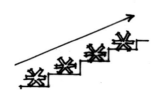 

图 5-3　经济合理

5.1.4 空间宜人

失之毫厘，差之千里。纸上谈兵带来的问题往往是缺乏对空间实际的认知，进而对空间的把握失调。一条主路多宽，一个球场多大，开放空间要素如何组织，私密空间尺度大小如何……这些都是设计者要成竹于胸的内容，是做到空间宜人的基本知识储备（图5-4）。

图 5-4　空间宜人

5.1.5 综合整体

风景园林绿地是人居环境的要素之一，是人居系统的重要组成部分，受到文化、人口、政治等方方面面的影响。设计不仅仅是满足自身的整体性要求，更应考虑与整个人居环境的整体性关系，从功能、流线、视觉、生态美方面统一绿地环境（图5-5）。更应该在红线范围外的空间来统筹设计，应该在更长的时间维度去构想未来的可能。

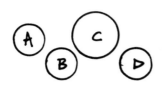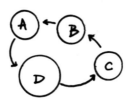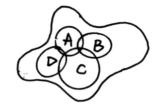

图 5-5　综合整体

5.1.6 文化传承

在地文化的生成，蕴含地方的地理、差异的气候、人居的特征、自然的过程以及过往的历史。这些是在地风景园林特质的重要组成部分，规划设计应充分把握在地文化的基本特征，从抽象的格局、模式到具体的地形、遗存、地貌，充分体现地方文化的特征，使文脉、空间得到延续，使设计更好地融入场地（图5-6）。

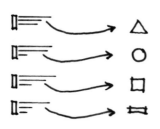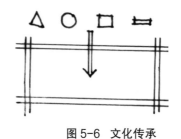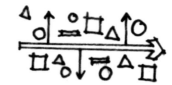

图 5-6　文化传承

5.2 设计思维步骤

5.2.1 释疑：题意分析 + 问题研判

一个好的快题设计如同一篇好的命题作文，展开设计的根本依据是作文的题目与要求，因此对任务书的解读是重中之重。本节将明确如何提炼设计中的关键信息及如何对关键问题作出研判。

1. 解题信息细分

解题信息包含文字信息和图纸信息两部分，文字信息与图纸信息相辅相成（图 5-7）。文字信息通常以设计基本条件与设计要求为主，而图纸信息则包含区位、场地的各项要素，从中可以得出场地的特征，因此设计的文脉延续和与场地的关联程度以及适地性也从中得到体现。

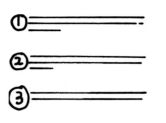  

图 5-7 解题信息

2. 关键点

（1）抓重点：气候条件、区位条件、场地定位、文化特征、生态资源。

（2）明要求：场地要求、功能要求、停车要求、建筑要求、特殊要求。

（3）互关联：要求与场地要素之间的关联如何组织。

（4）明确工作对象：在拿到题目的第一时间必须牢记快题的本身名目，是公园、广场，还是开放空间，亦或是附属绿地？这些定性决定了常规的软硬比例、管理形式，以及出入口关系、人行车行的差别与关系（表 5-1）。

工作对象的性质存在一定普适性的规则，同时也存在与场地特征关系的个性规则，在统筹要点与要求的基础上，遵循共性与个性的规则，整体、全面地回答题目问题。

表 5-1 设计思维步骤简析表

类别	定位（主体定位）	定性（软硬比、风格）	定量（主观客观相结合）
广场	休闲广场、集散广场、娱乐广场……	4：6，5：5……	树阵面积、儿童活动区面积……
公园	主题公园、市民公园、文化公园……	1：9，2：8，3：7……	主广场面积、老人活动区面积……
附属绿地	厂区、办公、居住……	开放、封闭……	展示区面积、活动区数量……
滨水空间	带形、防护、生态……	现代、未来、中式……	跑道长度、连通度……
……	……	……	……

3. 主要问题研判

1）气候条件

通常任务书给出的条件都是有根据的，来自对实际项目的改编。出于对实际项目的经验，命题老师往往也会将气候特征写入任务书中（图5-8），而气候特征带来的方案格局或密度的细微差异往往是考生容易忽略的内容（考点：格局与气候、密度与气候、种植与气候、活动与气候）。

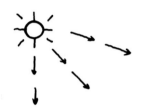  

图 5-8　气候条件

2）地形条件

场地内常有高低起伏、湖泊河流、地质灾害等地形条件，如何处理这些条件能反映一个设计者的基本水平（图5-9）。如何合理地利用地形，在无地形的情况下如何合理地挖池堆山塑造空间地形也是设计者应着重考虑的方面（考点：有地形利用类应关注题中出现的地形与水文信息，结合其中的重要元素合理设计；无地形创造类应结合题目要求，适度挖池堆山创造空间，塑造园林景观空间）。

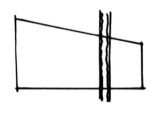  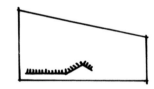

图 5-9　地形条件

3）现状要素

基地中除去地形，通常有较多的现状要素，常见的有植被、建筑、道路等（图5-10）。植被有多种类型，如古树名木或成片树林；建筑则常有历史遗产、工业建筑、服务建筑等；道路更为复杂，周边城市道路或公路、场地内道路是否保留及如何处理等都会为解题带来难度（考点：现状要素关联设计、建筑合理融入设计、道路交通内衔接自成体系）。

  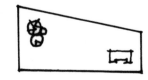

图 5-10　现状要素

5.2.2 造局：设计理念 + 设计原则

在理解题意的基础上，明确设计理念及原则是快题设计的根本依据。设计者切忌急于落入形态与空间，而应该在理念与原则的基础上整体把握布局与结构，然后才进入空间与要素的设计，最后进行细部的完善。

1. 以精准设计主导的设计理念

方案存在相似性是因为受到场地的限制，而不同的设计理念则可以带来各具特色的方案。文化特色与生态特征的强化可以使方案在设计的基本价值取向上达成一致，对方案本身也是很大的提升。当然根据不同条件分析出来的题目，在设计主导思路的选择上，应呈现出与场地更多的契合关系，应将生态、文化嵌入主线之中，时刻体现设计的精确。

2. 设计原则

1）衔接题意，符合规范

题目意图性的要求是方案设计的根本，对于抽象的文字信息应通过图示转化为设计要点，并与各类规范衔接整合（图5-11）。

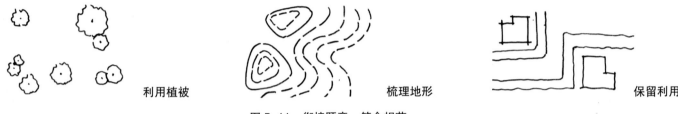

利用植被　　　　　　　　梳理地形　　　　　　　　保留利用

图 5-11　衔接题意，符合规范

2）体现特征，呼应环境

场地特征是题目难点所在，在竞争日益激烈的当下，单凭一个万能方案已经难以蒙混过关。对场地特征的提取、依循、利用，将场地要素恰到好处地放进设计中，是一个好方案应依循的基本原则（图5-12）。

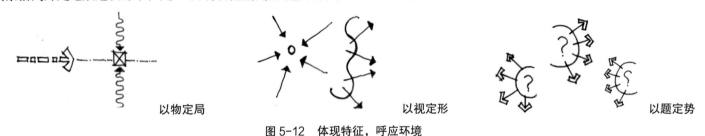

以物定局　　　　　　　　以视定形　　　　　　　　以题定势

图 5-12　体现特征，呼应环境

3）主题清晰，角色入位

在快题设计中，设计类型、场地条件、尺度规模、设计主题等方面的不同都会带来思维上的差异。虽然每一个题目、每一个场地都有其独一无二的特性，但设计其实是万变不离其宗的。为提高本书的可读性，编者将分类型介绍各类快题的设计过程（图5-13）。

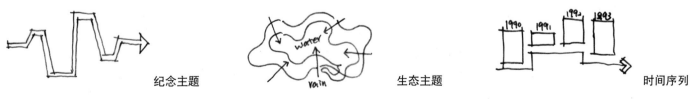

纪念主题　　　　　　　　生态主题　　　　　　　　时间序列

图 5-13　主题清晰，角色入位

5.2.3 构思：景观结构 + 功能流线

在掌握正确价值观、合理设计理念与原则的基础上，再进行具体的方案构思。而具体的方案构思需要通过对题意的分析来确定设计的基础骨架——景观结构。功能布局、流线组织、空间意图是在泡泡图阶段就可以构思清楚的。景观结构的构建可以在对场地分析的基础上，通过绘制泡泡图的形式来实现。

学习泡泡图的绘制可以避免上手绘制时一上来就陷入细节而失去了大局观。初学者容易提笔就画得很细，但是始终无法画出完整方案，因为缺少了一个系统媒介——泡泡图。对泡泡图的理解不能过于狭隘，很多初学者认为泡泡图仅能分析功能构想，其实泡泡图除单纯的表达功能外，还能表达各个功能空间的大小、功能之间的相互关系（动静分区、特殊功能分区），更重要的是能反映功能之间如何互动、如何串接。合理的泡泡图反映的背后思考大有内涵，这也需要对各类空间的尺度、常规位置有一定的认识，积累得越多，泡泡图的价值越大。泡泡图是方案的抽象，除了可以助设计者厘清思路、控制大局，还可以助其快速修改，改动功能无需把内容画出来，只需调整泡泡的大小、形状或位置，在提升设计效率、多方案比较方面，可以说泡泡图的用途是非常巨大的。泡泡图的形成过程如表5-2所示。

表 5-2 泡泡图的形成过程

STEP 1：对环境要素分析的泡泡解析	STEP 2：对结构流线构想的泡泡设想	STEP 3：对空间意图构想的泡泡深化

STEP 4：从泡泡走向方案的推演

5.2.4 定法：设计语言 + 设计要素

在完成景观结构和功能分区的设计大骨架之后，需确定一种设计形式与设计语言，可以根据场地特征和自身喜好选择自由式、规则式或混合式等类型。景观设计一定要有整体意识，遵从从整体到局部的设计思路。景观结构就是从整体入手把控主要景观元素的关系。

1. 设计语言的类别

形式语言之于快速设计，如同华丽辞藻之于作文，适度运用可以提高吸引力，但前提是不违背故事本身的逻辑与结构，因此形式的运用也要遵循场地特征和核心的设计概念演绎。当过度地堆砌辞藻，就会导致文章故事性出现问题，甚至导致故事线的散乱无序，影响文章的前后呼应、逻辑陈述。在故事主线被打散的时候，应当舍弃华丽辞藻。在追求设计形式时同样不能违背设计的核心主旨，更不能替代设计本身，否则形式语言就失去了意义。设计语言的类别如表 5-3 所示。

表 5-3 设计语言的类别

规则穿插式	复合组合式	自由弧线式
规则变化式	规则曲线式	流线游走式

2. 设计要素的植入

方案明确整体结构与设计形式后，就进入了深度设计阶段。这一阶段需要以元素、材质、色彩等构成要素来完善具体的空间构想与功能内容。通常的设计要素包含了园路广场铺装、园林建（构）筑物、植物组景共构、竖向地形地物等（图5-14）。实现功能空间构想的手段有各类要素根据空间特性规则的规模尺度控制、要素根据空间特性所呈现的数量、组合方式等，各类功能空间依照结构的规则形成方案的整体形态关系。对于各类要素的差异化构想是实现设计方案丰富性的根本手段。

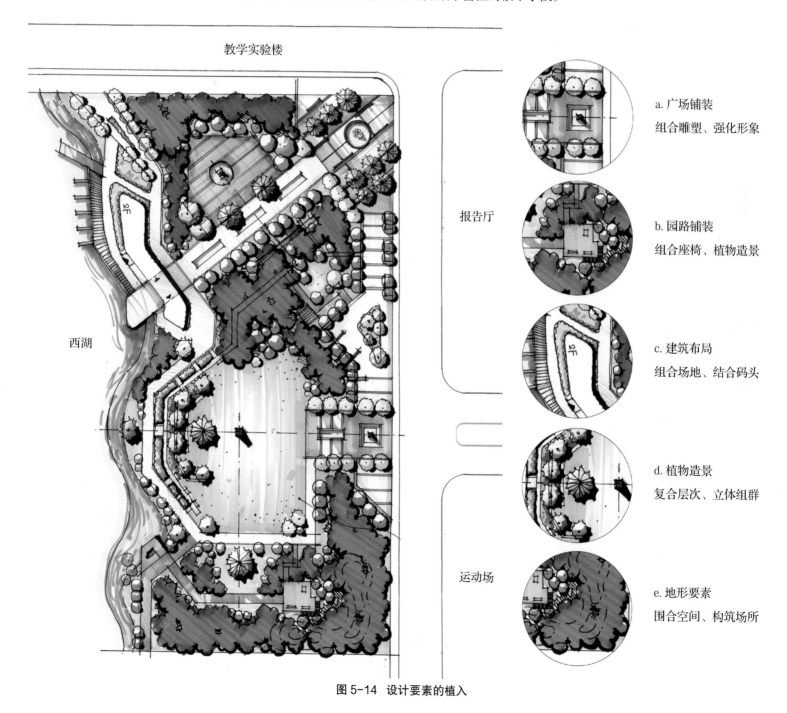

教学实验楼

西湖

报告厅

运动场

2F

a. 广场铺装
组合雕塑、强化形象

b. 园路铺装
组合座椅、植物造景

c. 建筑布局
组合场地、结合码头

d. 植物造景
复合层次、立体组群

e. 地形要素
围合空间、构筑场所

图 5-14 设计要素的植入

5.2.5　成图：衔接要求＋完善方案

　　设计方案完成后，需要依据基本的要求，注明图名、功能、比例、指北针等要素，同时对于方案周边环境的描绘也要有所表达。涉及大量竖向设计的方案，竖向设计与标注要同步完善。剖切符号、经济技术指标表、设计说明、标题、分析图等内容也要完善，还包括一些具有特殊表达意图的图纸，最终完成 1 张 A1 或者多张 A3 成果的图纸。一切内容以衔接题目要求为第一要义，可适度扩充、补充（图 5-15）。

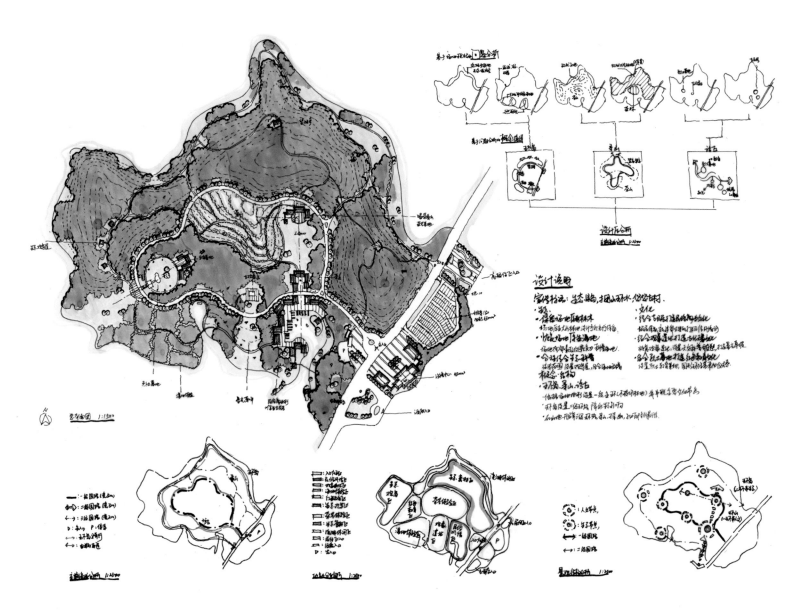

图 5-15　成图

5.3 广场设计

广场作为硬质化程度最高的风景园林空间，看起来简单，实为较难以厘清的一类场地。广场设计存在一定的复杂性和多样性，本节旨在从方法的角度，以快速设计常见问题为解答对象，为读者提供一些具有一定普适性的设计原则、设计流程和设计思维等。

5.3.1 设计原则

1. 快速通达，集散有序

广场通常存在于人流密度较大、空间强度较高的区域，虽然名为广场，但经过精心设计的广场亦非完全是一片硬质空地，而是需要统筹考虑周边交通关系，明确主次入口空间，在实现快速通达的同时做到集散有序。

2. 有机内聚，浑然一体

广场设计的整体性是反映设计思维是否有机的关键因素，通常集散性广场是内聚的空间架构，一方面是广场自身集聚人流的向心性所致，另一方面出于对快题设计方案整体性的考虑，以获得更好的视觉效果。

3. 等级空间，层次渐进

初识快题的应试者往往会将广场理解成铺装设计，若然广场的集散性则非常强，这也是一种思路。然而现代广场的复杂性越来越强，休闲功能、生活功能、文化功能在整个设计中也占了不少分量，因此多类型空间的存在丰富了广场的内涵，增加了广场的趣味性。

4. 完善设施，服务便利

大量人群集聚带来广场的活力与使用需求，必要的环卫设施、风景园林设施、商业设施是广场设计时必须统筹考虑的内容。对于设施服务的便利性，应通过合理的均布方式取得成效。

5. 功能复合，全面协调

差异化人群集聚带来广场的差异化功能需求，针对不同类型人群集聚带来的化学反应，应保证广场空间的弹性使用可能和刚性使用需求。

5.3.2 设计要点

在快速设计中，广场设计最容易出错的地方在于软硬质比例的失控，其实这是因为设计方法的缺失。一个准确的软硬质比例和清楚的方法流程可以让设计者掌握必须的方法，在此基础上，进一步解决场地的特殊问题。

1. 软硬比例——因地制宜

不同类型的广场设计，对软硬质比例的要求会随着场地特征产生变化，客观地研判场地的活动性程度后再确定软硬质比例是第一步。

2. 流线组织——结合场地

流线的组织与场地分析息息相关，也是反映设计与场地呼应的一个重要方面，清晰、准确的流线是合理设计的前提。

5.3.3 设计流程：逻辑清晰

快速设计的特征决定了设计者必须有清楚的设计思维，清楚的设计思维可以使设计者在遇到任何复杂题目时给出正确的方法。以郑州万科城市广场的设计为例。表 5-4 从流线、功能、形式、竖向等方面清晰地展示了设计的过程，取得了较佳的设计效果。

表 5-4　郑州万科城市广场设计流程

STEP1：基于环境分析的流线组织	STEP2：依托流线组织的功能分区
STEP3：变化形式导向的路径修正	STEP4：深化层次结构的主线构建
STEP5：利用竖向设计的空间营造	STEP6：加入景观要素的方案设计

STEP7 最终平面图

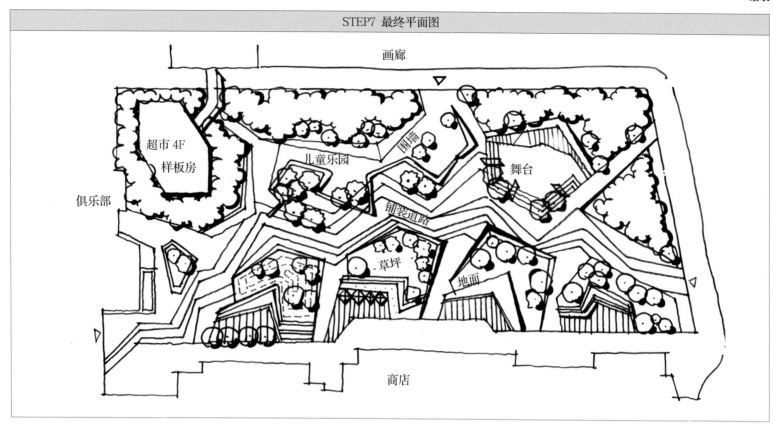

画廊

超市 4F
样板房

儿童乐园

围墙

舞台

俱乐部

铺装道路

草坪

地面

商店

5.3.4 广场选题

1. 基地现状

基地位于苏南某城市文化中心，地理位置十分优越。总面积约2.6公顷，东、南面紧邻城市道路，东部道路一侧为展览馆、科技中心，南部道路一侧为居住区，北部为少年儿童图书馆，西部为学校。基地地势平坦，西部有香樟等古树需保留（图5-16）。

通过规划设计，为广大市民提供一个集休闲、娱乐、运动、观演、交流为一体的综合性市民广场。

2. 规划设计要求

（1）规划方案应布局合理、结构清晰、考虑周边环境特点，并能充分尊重与利用自然环境；（2）综合布置绿地、铺装、小品等设施，要求功能分区明确、交通组织合理、环境美观舒适；（3）基地中原有树木应保留并合理利用。

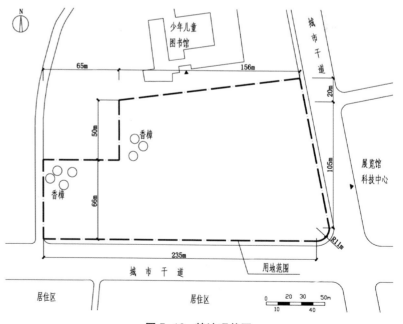

图 5-16　基地现状图

3. 解题思路

1）释疑：题意分析 + 问题研判（图 5-17）

（1）解题信息细分。

a. 区位信息：位于城市文化中心的综合性市民广场。

b. 环境信息：场地内具有保留植被，地势平坦，东侧为展览馆、科技中心，南侧为居住区。

c. 交通信息：南侧、东侧均有交通干道，北侧有少年儿童图书馆的正入口。

（2）三个关键要点。

a. 组织合理的可进入流线关系。

b. 创造具有宜人品质的内部广场空间。

c. 构建适应周边人群需求的功能场地以及承载全市性活动的活动空间。

（3）主要问题研判。

a. 解决场地要素整合问题：结合保留大树与功能空间或背景空间的整合，更好地利用场地各要素。

b. 解决场地平整单调问题：利用台阶、草阶、舞台等要素创造更有层次的立体化空间。

2）造局：设计理念 + 设计概念

（1）生态化设计理念：林荫空间与功能空间并存、活动性与休闲性并重。

（2）立体化设计概念：竖向功能与竖向景观统一。

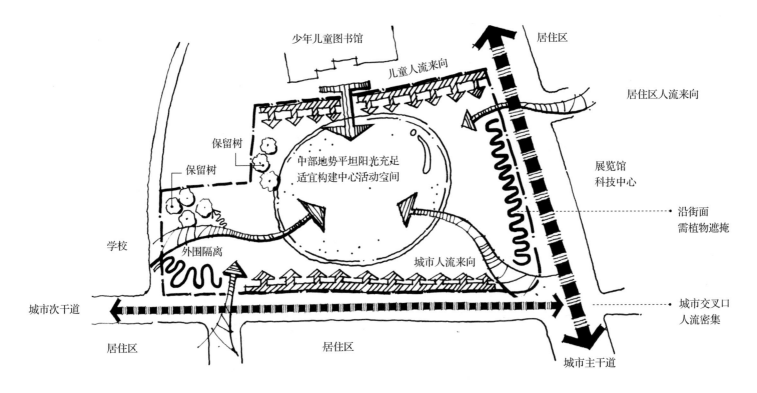

图 5-17 基地分析图

3) 构思: 景观结构 + 功能流线 (图 5-18)

广场的基本结构形式往往以中心放射式为主, 本方案作为标准化的设计案例, 同样可采用此类设计结构, 同时协同地将周边的功能植入。中心以聚会广场空间为主创造整个广场的核心活动空间, 再协同周边的入口直接或间接地导入中心广场, 并创造小尺度的活动空间与之互动, 形成整体的功能布局和流线结构。

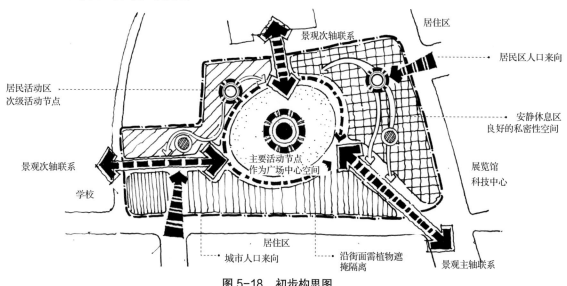

图 5-18　初步构思图

4) 定法: 设计语言 + 设计要素 (图 5-19)

采用不同类别的形式语言来比较方案, 可以更好地作出有效设计判断。PLAN A 的设计整体性更强, 具有较好的中心感, 但形式过于内向; PLAN B 的方案形式更为现代, 且能有更丰富的空间体验, 活动性也更强, 功能更多元。PLAN C 则以规则的方案形式为主, 但是形式与功能之间存在一定的不协调性 (表 5-5)。为了更好地植入功能空间, 可以采取多语言整合的方式, 避免方案的生硬, 更好地加强方案的多样性。圈层化的功能差异布置增加了方案的层次性。

具体的功能通过铺装、植物、台阶、小空间等要素呈现, 满足题目本身的要求。

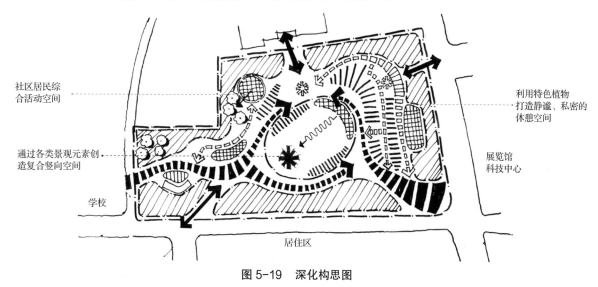

图 5-19　深化构思图

表 5-5　多方案比较

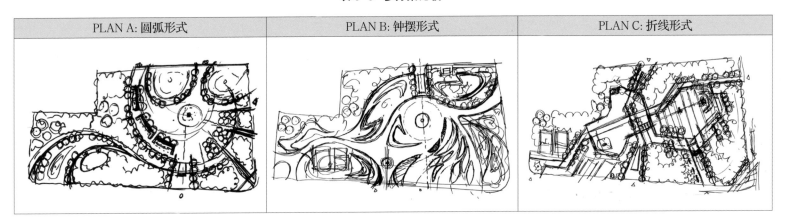

PLAN A: 圆弧形式	PLAN B: 钟摆形式	PLAN C: 折线形式

5）成图：衔接要求＋完善方案（图 5-20）

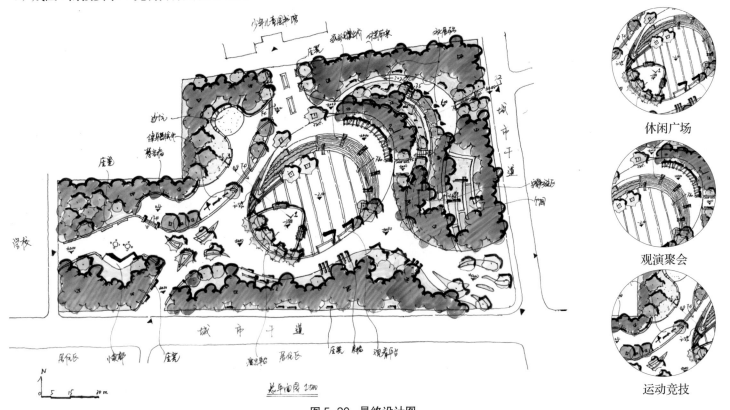

图 5-20　最终设计图

5.4　公园设计

　　公园是风景园林快题设计最常见的类型，公园有封闭私有的，也有开放公共的；公园根据服务对象和范围的不同，又可分为市级公园、区级公园、居住区级公园、小区级公园等；公园根据形态的不同，又有点、线、面的差异。尺度和形态的不同导致了公园的设计方案千差万别。

5.4.1 设计原则

1. 以人为本，拥抱城市

城市公园虽然是自然空间的一部分，但是其本质更多地还是为了满足城市居民的活动和使用需求。尤其是城市中心区域的公园，更应该在设计上体现人性化，从可进入性、活动多样性、环境宜人性等人的需求角度展开设计，与城市功能相互渗透。

2. 弹性有序，活力有趣

公园空间的使用要从短、中、长三种时间维度来看，需要更有弹性的状态，以适应时间变化带来的人群需求变化。同时活动的选择、功能的设计旨在提高城市的活力空间与公园的趣味性、欢乐性。

3. 融合场地，整体考量

任何设计都不能脱离场地本身来自顾自设计，在对场地地物要素的整合利用上，任何场地都应深度考虑。公园在各类绿地中的尺度往往趋于大型化，各类要素也趋于复杂多元，全盘考量取舍是深化设计的基础。

5.4.2 设计要点

在公园设计中，基于整体尺度与广场的差异，山水格局往往会成为整体空间骨架的首位要素，对于原场地已有的山水空间如何利用，在平整场地中如何创造山水格局关系，是较为重要的设计点。另外，基于公园的设计原则，突出公园与城市的互动，以及如何融入城市绿地网络、步行网络等，也是公园设计的难点。

1. 治山理水——山水定局

公园作为生态修复中城市中的山水地带，在保持山水格局的同时，应该更好地修复、提升已有的山水资源，适度地、合理地创造更多的山水资源，在工程合理、经济合理的范畴内，强化山水格局，以山水确定公园的格局。

2. 枢纽作用——融入绿网

公园作为城市绿地网络中一个重要的斑块节点，应该与城市绿网、绿道协同整体化，避免城市公园设计为了便于管理而沦为城市开放空间网络的一个阻滞点。协调网络与节点的关系也是公园设计的一大要点。

5.4.3 公园设计的范式

根据尺度的大小差异、所处区位差异，公园设计存在多类型的范式，且存在一定的非强制对应关系。

自然环路式：以自然式的手法布局各类人工要素，更贴近自然，弱化人工特征，追求"虽由人作，宛自天开"。轴线环路式：结合了具有控制力的轴线与自然化的曲线园路，兼顾自然特征与人工特征，是运用频率极高的设计范式。以上两者的类型往往存在模糊的边界，因此也可以理解成一种方案类别。规则肌理式：适合小尺度的公园设计，且实用性极强，利于人群进入，是形式感较强的一类设计范式。街区网络式：在规则肌理式基础上融入了开放街区化的理念，使得公园融入城市的步行网络空间具有极强的实用性，并且是未来高密度人居空间的较佳范式。

以上三大类公园设计范式是目前常见的类别，其应用的范畴往往与公园所处的区域位置有关系。区域位置越靠中心，公园街区化、开放化的应用价值就越大；反之，当公园位于远郊、近郊时，随着公园作为城市步行穿行介质意义的降低，追求自身完整性和管理有效性的环路范式则具有更高的应用价值。

1. 自然环路式（轴线环路式）

保持环路结构的同时，维持街区通达性的设计方案（图 5-21）。

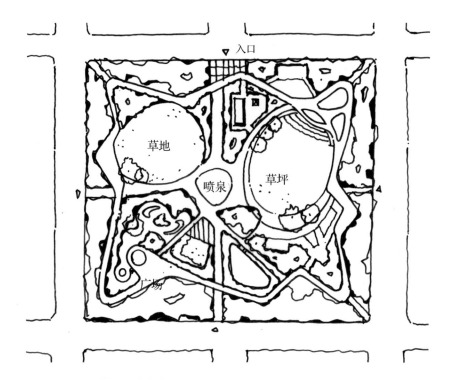

图 5-21 自然环路式（轴线环路式）

2. 街区网络式

强调街区网络通达的设计方案，保证场地通达的同时兼顾各区域的关联性（图 5-22）。

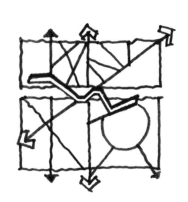

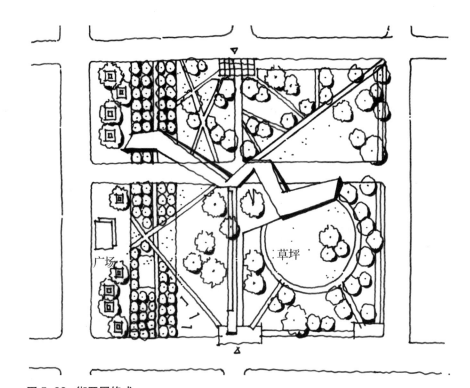

图 5-22 街区网络式

3. 规则肌理式

以肌理式的设计手法来组织公园空间，软硬质兼顾，富有趣味，也易于统一各类设计要素（图5-23）。

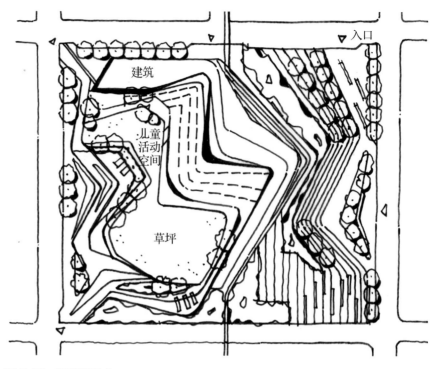

图 5-23　规则肌理式

4. 传统公园范式

以环路结构作为交通脉络，有节奏地串联景点、活动空间，再加上治山理水带来的景观视觉差异性，是典型的传统公园设计方法（图5-24）。

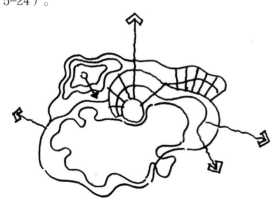

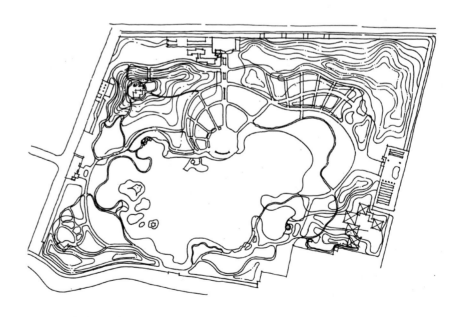

图 5-24　传统公园范式

5.4.4 公园选题

1.基地现状

该地块位于华中某城市高新技术新区的中心地段，居住人口为30万人。基地内主要有水塘、山体及乡村住宅。周边道路已形成，山体植被良好，乡村住宅拟全部拆除后改为新区中心绿地，规划用地总面积约16.2公顷。周边用地性质及其他情况详见图5-25。

根据相关规划，该绿地定位为城市新区市民休闲活动中心、城市新区形象窗口，并兼有城市新区综合公园职能。

2.规划设计要求

（1）设置能容纳4000～5000人的市民休闲主广场，但需对广场进行有效的空间组织与划分，该广场的绿地率不得小于40%。

（2）设置的景观小品与景观建（构）筑物需反映新区特色或时代特征。

（3）若设置自然水景，尽可能地利用场地现有池塘进行水体整理，水体总面积不得大于规划总用地面积的20%。

（4）规划布局应有效保留山体地貌及植被。

（5）在充分考虑中心绿地内景观组织、周边环境条件及城市景观与城市交通组织需要的前提下，合理布局各方向入口，有效组织休闲人流。

（6）合理配置中心绿地内的公共服务设施（注：山体南侧停车可利用公共停车场，不在设计范围之列，其他方向停车自定）。

（7）其他要求，参照《公园设计规范》（GB 51192—2016）。

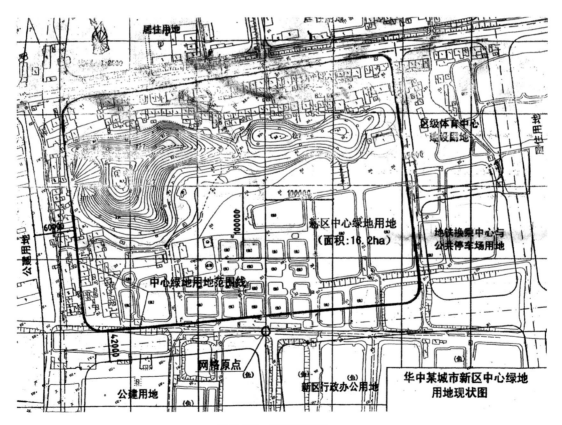

图5-25 基地现状图

3. 解题思路

1）释疑：题意分析＋问题研判（图5-26）

（1）解题信息细分。

a. 区位信息：位于城市高新区中心的综合性市民公园。

b. 环境信息：场地内具有保留山体与植被、大量鱼塘，地形起伏，周边规划北侧为居住区，南侧为公建用地、行政办公用地，东侧为区级体育中心、地铁换乘中心及公共停车场。

c. 交通信息：南侧、西侧为城市干道，东侧为地铁换乘中心和公共停车场用地。

（2）三个关键要点。

a. 组织合理的可进入公园交通体系。

b. 创造具有多层次、市级的功能要素。

c. 构建合理的山水空间格局，体现时代性。

（3）主要问题研判。

a. 解决场地要素整合问题：对山体进行修复，对水体进行梳理，组织具有场地特征的多元新区市民公园。

b. 提升城市空间形象问题：利用山水空间序列创造轴线，以开敞、序列丰富的景观轴线，提升城市形象，打造城市名片。

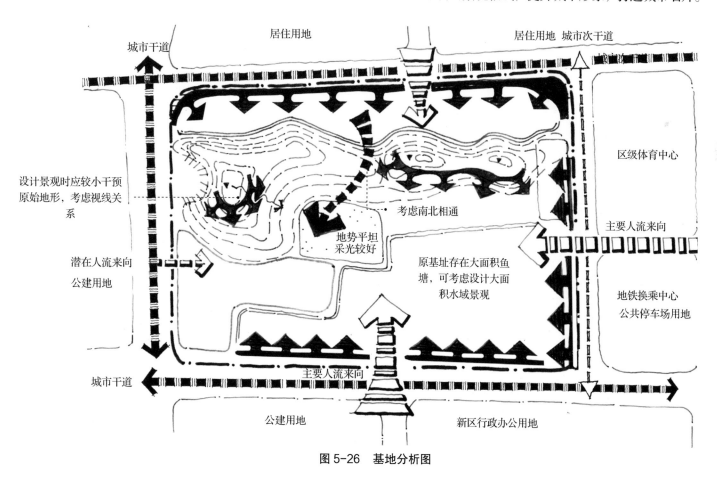

图5-26　基地分析图

2）造局：设计理念 + 设计概念

（1）开放化设计理念：位于中心区城市公园应更大程度开放化，以保证目的性使用者的功能需求，以及穿越性使用者的步行需求。在更大的范围内将公园与城市绿地、绿道整合贯穿。

（2）绿色融合体概念：因地制宜地完善山水格局，与新城特色空间塑造整体考虑，打造与周边互动、充实自身功能的复合多元公园。以绿色融合体为公园设计的概念，突出绿色与城市的融合。

3）构思：景观结构 + 功能流线（图 5-27）

公园的基本结构形式往往以环路为主，作为标准化的设计案例，同样可采用此类设计结构，同时与周边功能互动，中心以水面开敞空间为主，创造整个公园的核心活动空间，而山体则成为空间序列的制高点。协调周边的城市功能，或直接或间接地导入中心，活动性功能从内向外分层布置。

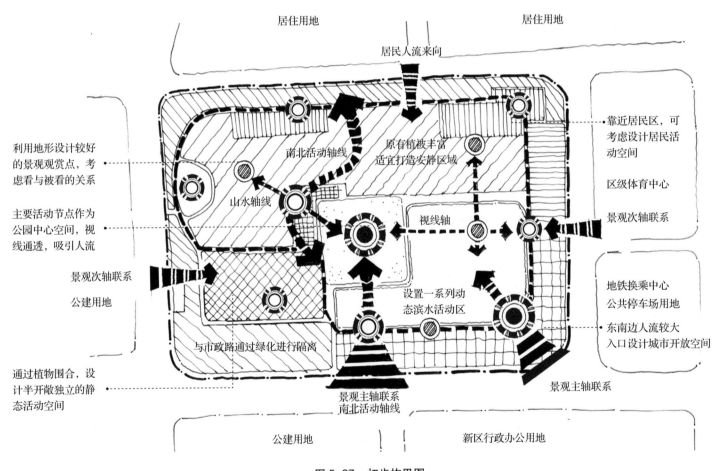

图 5-27　初步构思图

4）定法：设计语言 + 设计要素（图 5-28）

兼顾城市形象需求与本身山水特征明显的现状，选择自然式的设计形式，可以更好地融入场地。以园中园的层次化空间要素构建，在满足尺度合理要求的同时，保证元素与空间的统一性。为了更好地突出场地特征，水景要素的深化设计是一大特色。既满足题目要求的比例上限控制，同时创造诸如岛链、半岛、湖面、喷泉等丰富水景要素。功能性要素也呈现出多元的状态，如集会、运动、文化、休闲、健康等。园路要素以多等级、序列关联的形式架构，反映了公园等尺度特征。

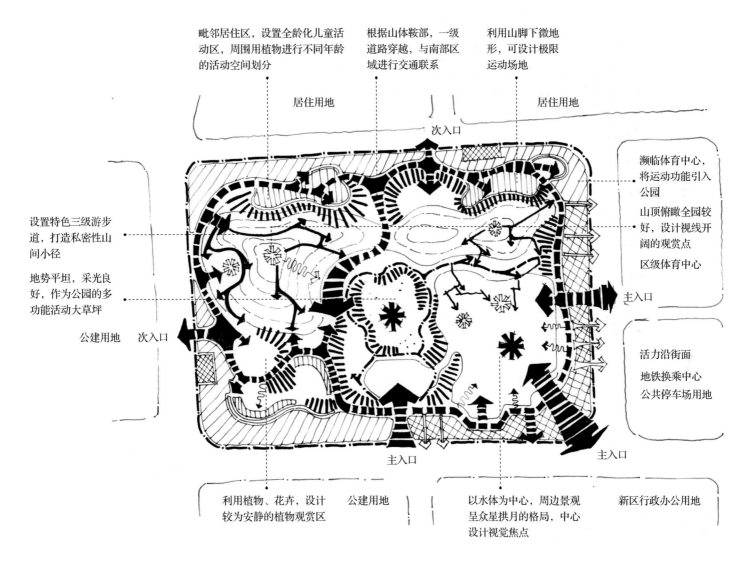

图 5-28 深化构思图

5）成图：衔接要求 + 完善方案（图 5-29）

　　针对不同专业方向，以差异化图纸表达，以更好地适应考核的方向和重点，使之匹配。以风景园林方向为例，包括总平面图、分析图、鸟瞰图或透视图、经济技术指标和设计说明等。

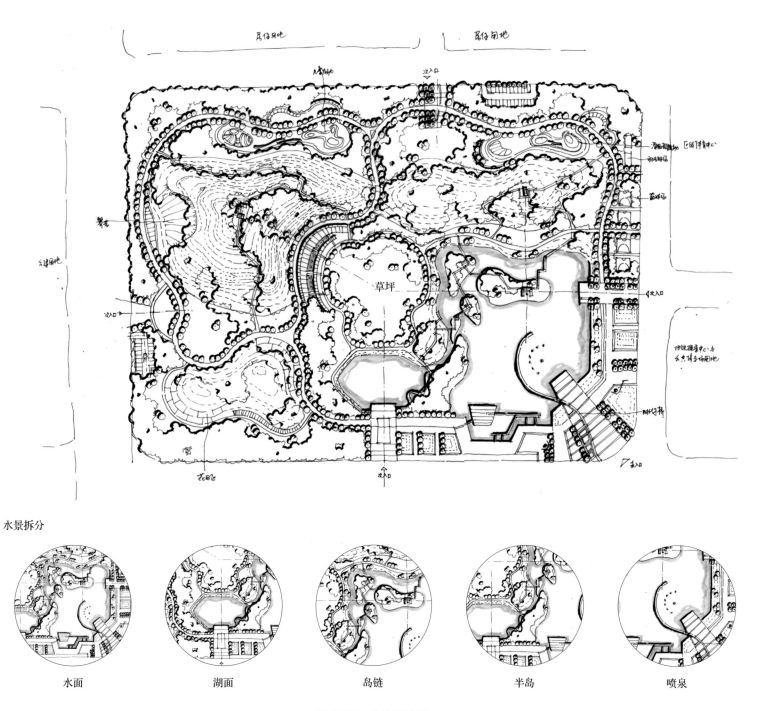

水景拆分

水面　　　　　湖面　　　　　岛链　　　　　半岛　　　　　喷泉

图 5-29　最终设计图

5.5　附属绿地设计

附属绿地的类别较多，诸如居住绿地、公共设施绿地、工业绿地、仓储绿地、道路绿地、特殊绿地等。针对不同类别的绿地，设计侧重视觉景观、使用功能、生态维护等不同方向。即便在同一工业用地中，位于不同建筑周边的附属绿地也存在极大的差别。例如，工厂办公区、生活区、生产区的绿地随着建筑性质的不同有着不同的要求。

5.5.1　设计原则

1. 结合建筑，特征凸显

附属绿地作为依附性质存在，应与主体用地功能、建筑功能结合。建筑使用功能存在对外渗透与延伸的需求，因此承接此类功能就成为附属绿地的主要任务，而衍生的功能也更好地强化了建筑与场地的特征关系。

2. 三元并重，适度突出

除去对建筑功能的室外延伸，附属绿地还承担了将建筑与外部不利环境分隔开的作用，对周边噪声、光线、视觉不美观物、异味等采取分隔遮蔽手法，尤其在工业用地中应充分体现绿地的生态作用。视觉、功能、生态三方面并重，结合对三元需求的强烈程度合理考虑主次关系。

3. 绿色共享，联动周边

附属绿地权属上存在非公共性，但是在条件允许的情况下，应该尽可能提高绿地的公共性，考虑城市公共区域对附属绿地的视线、视觉控制，考虑城市步行网络与附属绿地步行、活动空间的关联，发挥1+1>2的正反馈作用，考虑绿地网络连通带来更好的生态效应。

5.5.2　设计要点

附属绿地与建筑的协调往往是风景园林设计的难点，绿地需要具备协调补充功能，并且以服务建筑功能为主，而建筑衍生的各类交通功能与流线组织都需要借助绿地展开，人车分流等要求更显得极为重要。

1. 互动建筑——以筑定绿

附属绿地设计更多时候应该以建筑为核心展开，办公建筑需要大量的停车与休闲运动设施，工厂建筑周边以多层吸污绿化为主，居住建筑则更关注整体的空间品质以及对外部不利环境的分隔。总而言之，综合利弊，与建筑互动是首要的。

2. 整合交通——人车分流

附属绿地在很多时候需要解决场地各种流线的现实需求，存在车行、消防、人行甚至专用流线的设计问题。例如，医院绿地设计的难度极大，多数时候医院绿地的车行流线应在风景园林专业介入前规划完毕，但出于景观设计的意图，对既定的规划方案会进行调整，这就要求设计者必须有扎实的流线组织基础才能完成这样的任务。

5.5.3 附属绿地选题

1. 基地概况

华东某城市某工厂位于城郊，拟在厂区入口区域建设面积约 7 公顷的开放式办公区，内部为生产区。厂区道路的交通量不大。基地地形呈缓坡状，是承载力较好的土质荒坡，地形改造相对较易，挖填工程造价成本不高。基地东北角确定建设办公会议及接待楼 1 栋，平面布置如图 5-30 所示，建筑风格为现代式，简洁明快。建筑南侧主入口门的宽度为 6 米，另外 3 个次入口门的宽度均为 2 米，所有入口在建筑立面上居中布置。

2. 设计要求

1）总体设计要求

（1）使用功能：要考虑户外体育和展示区域，在其中安排一些展示企业文化的户外景观和设施，需安排一个户外篮球场供职工健身。

（2）交通功能：小轿车需到达办公楼南侧主入口，从城市道路上最多只能开设一个机动车出入口进入开放式办公区，厂区道路开设机动车出入口的数量不限。停车方面，需要 60 个小轿车停车位，其中至少有 30 个靠近办公楼，便于日常使用，其余 30 个供会议和活动期间使用，位置不限；需要 5 个大巴停车位，位置不限；需安排自行车停车位 50 个，宜靠近厂区道路。

（3）其他景观和绿化等功能可以根据设计构思自定。

2）办公楼主入口前场地详细设计要求

按照办公楼前场地的功能、景观、绿化的需求进行设计，无特别要求。建筑底层和室外场地的相对高差宜在 0.45 米以上，具体标高根据设计构思自定。

3. 设计要求分析

1）定性

一个比较典型的大比例附属绿地，以工厂办公区的绿地设计为主要内容，此绿地同时也是开放性绿地。

2）定位

结合与厂区的空间关系、建筑主入口的关系，定位为企业形象的展示窗口、合作交流的服务平台。

3）定量

满足小轿车、大巴、自行车等停车要求。

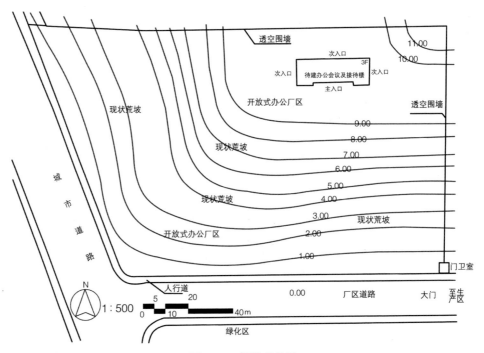

图 5-30 基地现状图

4. 解题思路

1）释疑：题意分析 + 问题研判（图 5-31）

（1）解题信息细分。

a. 功能信息：需要户外活动与展示区域，户外职工篮球场为必需物。

b. 环境信息：场地位于城郊，地形呈缓坡状，道路交通量不大，厂区东北角办公楼建筑风格为现代式，建筑南侧主入口门宽度为6米，3个次入口门宽度为2米。

c. 交通信息：需60个小轿车停车位、5个大巴停车位以及50个自行车停车位，西侧道路为城市道路，南侧道路为厂区道路。

（2）三个关键要点。

a. 交通合理的组织：对于车行、人行的组织是本题的关键之一，关键之二为厂区道路与周边不同等级道路的衔接。

b. 嵌入场地的设计：坡地景观设计需要有效、合理地利用现状适度改造。

c. 差异空间的创造：满足厂区办公楼附近基本功能布局与指向性功能布局要求。

（3）主要问题研判。

人车分流、依山就势、合理布局、空间转合、人性考量（表 5-6）。

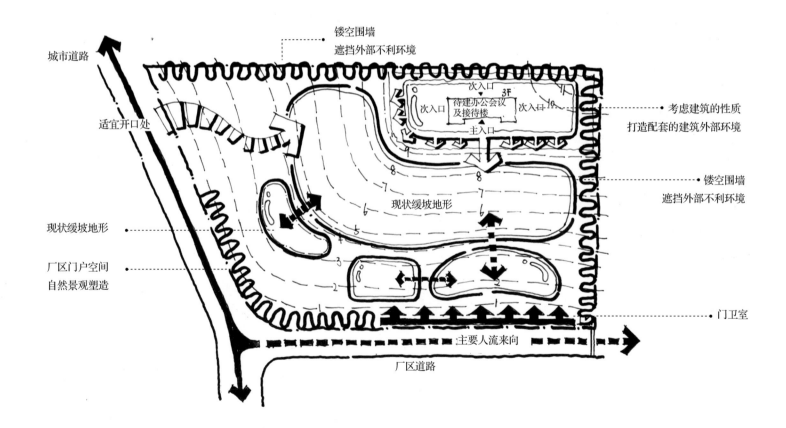

图 5-31　基地分析图

表 5-6 主要问题研判

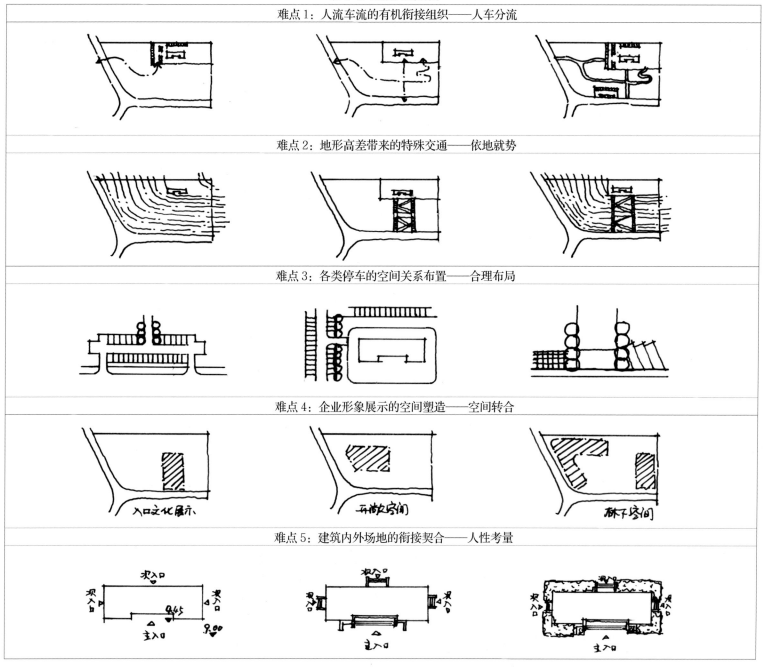

2）造局：设计理念 + 设计概念

（1）共享化设计理念：结合题目自身开放式绿地概念，在满足厂区办公楼的基本场地的要求的同时，考虑与城市空间的共享共生，适度地强化绿地景观空间与城市道路的关系。

（2）多台地设计概念：结合现有场地的高差关系，以疏密强化方式进一步修正地形，以利于各类要素布局，并且创造特殊、标志化的景观效果。

3）构思：景观结构 + 功能流线（图 5-32）

附属绿地由于其附属化的特征，往往自身无法呈现出清晰完整的景观结构，而需要与建筑要素统一考量，甚至深入室内，才能完善结构。功能与流线不拘泥内外，统筹考虑。此时的交通需要考虑的不仅仅是分级，还需要考虑分类型，不同类型的交通流线与功能的内外关系也应该匹配适应。

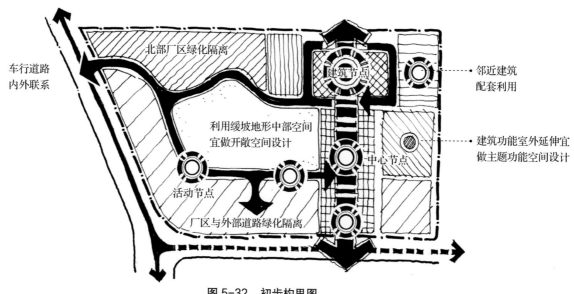

图 5-32　初步构思图

4）定法：设计语言 + 设计要素（图 5-33）

随着场地特征的变化以及设计意图的表达，附属绿地的设计语言形式会有不同的类型与之对应。甚至有时候由于场地过于破碎，场地对设计语言一致的要求会降低。以现代风格的形式和要素来组织，在满足车行顺畅、轴线空间形象展示明确、各类要素布局合理的前提下，以钟摆、母形重复等手法整合景观要素，深化功能空间节点。

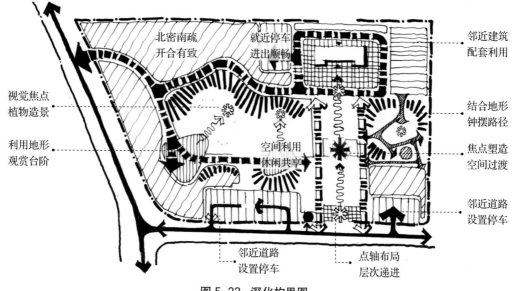

图 5-33　深化构思图

5）成图：衔接要求 + 完善方案（图 5-34）

（1）总体设计要求。

a.总平面图一张，比例 1：500；b.剖立面图两张，比例 1：50；c.分析图两张，比例自定。

（2）办公楼主入口前场地设计。

a.总平面图 1：200；b.剖立面图两张，比例 1：200 ~ 1：100；c.局部透视图，数量自定，分总体与局部两个层次解答设计方案。

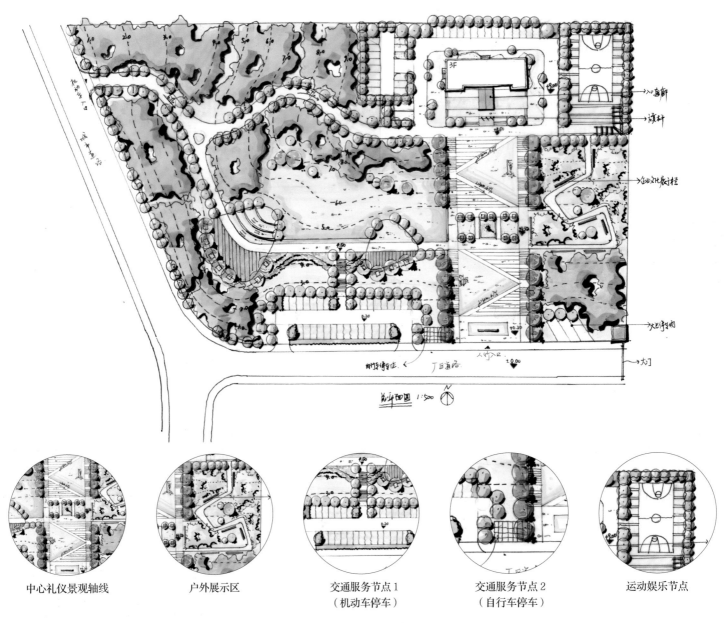

| 中心礼仪景观轴线 | 户外展示区 | 交通服务节点 1
（机动车停车） | 交通服务节点 2
（自行车停车） | 运动娱乐节点 |

图 5-34　最终设计图

5.6 滨水开放绿地设计

5.6.1 设计原则

1. 彰显文化，空间塑造

水岸空间往往是人类文明重要发源地之一，随着时间推移，在地的文化变迁会沉淀出厚重内涵，新时代的设计也应该传承历史文化，在空间品质塑造的同时，体现在地文化特色。

2. 生态优先，安全并重

滨水绿地作为水陆交界区域，本身具有很特殊的边缘效应，是生态活跃区域，同时也是生态敏感区域。线性水岸往往承载一定的航运功能，在维持通航的同时，亲水活动的安全性、航线的安全性都需要兼顾考虑。

3. 联动城市，滨水通达

城市发展与河流相生相伴，滨水空间在特殊历史时期承载了更多的生产性功能，未来将会以绿地生态游憩功能为主，这对滨水绿地空间提出了新的要求。滨水开放绿地应该融入城市，在保证滨水空间可达性的同时，与城市绿地网络建立多方位链接。

5.6.2 设计要点

1. 城市到自然的链接

建立滨水绿地空间与城市的链接是滨水空间设计的要点与难点，这个链接需要从生态、视觉、功能多方位建立。

2. 自然与活力的共生

维持滨水空间的自然特征与人文活力也是其设计的重点，两者一定程度上存在兼容的问题，解决方法是在充分研究在地特征基础上，定性乃至定量化、差异化分配两类空间存在的区域。

3. 游憩与安全的统一

滨水空间独特的吸引力决定了公众游憩功能的价值，游憩活动带来的安全性考量是不可或缺的一部分。其一是游憩人群的亲水活动安全，必须衔接规范，适度提高要求；其二是城市泄洪、排涝对滨水空间的要求，同样必须衔接规范，适度提高；其三是设计构成要素对通航安全的影响必须兼顾。（见表 5-7、表 5-8）

表 5-7 河道水文信息表

历史最高洪水位 /m	5 年一遇洪水位 /m	10 年一遇洪水位 /m	20 年一遇洪水位 /m	50 年一遇洪水位 /m	100 年一遇洪水位 /m
3.40	2.80	3.20	3.40	3.50	3.70

表 5-8 防洪堤设计信息表

河道名称	堤坝高程 /m		堤面宽 /m		堤坡脚坡比		护坡形式		设计防洪标准	
	设计标准	现值	设计标准	现值	外坡	内坡	外坡	内坡	洪水频率	水位值 /m
同济河	4.90	4.50	7	7	1:3	1：2.5	砼预制块	草皮	50 年一遇	3.5

5.6.3 滨水开放绿地选题（一）

1.基地概况

河北省某城市新区，一条河流从城市新区中央穿过，河流两岸规划有连贯的滨河绿地，河流水位存在季节性变化，丰水期最高水位为3.0米，枯水期最低水位为2.0米，没有洪水隐患。由于河流需要通航，两岸已经修建垂直硬质驳岸。设计场地为整个滨河绿地的一个重要节点，总而积约8.5公顷。场地被河流分隔为南、北两个部分。北侧紧临小学和办公用地，南侧隔城市道路与居住用地和商业用地相邻。场地内存在一定的高差变化（图5-35中数字为场地现状高程）。

2.设计要求

（1）场地是整个滨河绿地的一个重要节点，要考虑整个带状绿地的道路连通性。

（2）小学周围需要设计一片满足学生自然认知、生态探索、科普教育和动手实践的户外课堂区域。

（3）滨河绿地需要满足周边办公、商业和居住用地的使用功能需求，为附近白领和居民提供公共休闲服务空间。

（4）由于河流需要通航，可在不减少河道宽度的前提下，对现状垂直硬质驳岸进行适度改造，创造亲水休闲体验空间。

（5）在场地中选择合适的位置设计一座茶室建筑和一座公共厕所。其中，茶室建筑占地面积200～300平方米，建筑外要有一定面积的露天茶座；厕所建筑占地面积约100平方米。

（6）水岸要设计小型游船停靠码头一处。

（7）场地内可根据需要设计一座景观步行桥，增强南、北两岸联系。

（8）设计必须考虑场地中现状高程变化。

注：所有图纸画在2张A1白色不透明绘图纸上，严禁上色。

附：图纸资料说明，设计范围为平面图中粗断线以内范围，方格网间距为60米×60米。

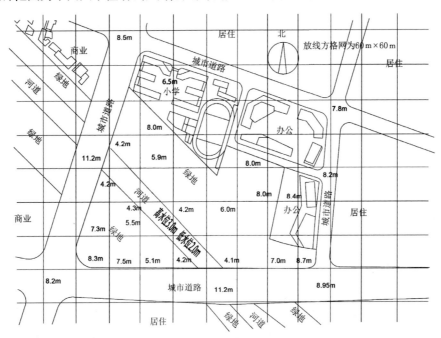

图5-35　场地现状图

3. 解题思路

1）释疑：题意分析 + 问题研判（图 5-36）

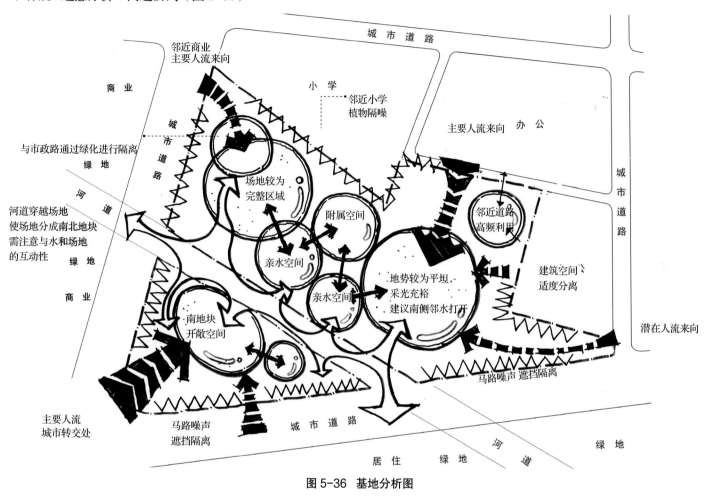

图 5-36 基地分析图

（1）解题信息细分。

a. 作为和滨河绿地的重要节点，需要强化带状绿地的连通性。

b. 作为小学周边绿色开放空间，需要提供户外课堂空间。

c. 衔接办公商业居住功能关系，需要提供户外休息休闲空间。

d. 满足河道通航现状硬质驳岸，需要改造驳岸满足亲水体验。

e. 必要公共服务设施完善布局，衔接人流满足功能完善流线。

f. 码头桥梁指向功能合理布局，对接题意统筹满足内外需求。

（2）五个关键要点。

a. 解决地形的整体把控问题：题目未给定等高线，但是零散地给定了几个标高，这给整体场地的高程判断制造了困难，也提供了多元的可能性。而水位的标高丰水位为3米，与近水处场地4米的标高最为接近，大致可以理解成这个地形关系是近水处标高逐步降低，离水处高至8米，从丰水位到场地最高处存在5米高差，这5米高差在图纸上并未准确定位，也恰恰为设计的地形改造提供了多元的可能。

b.互动周边形的网络构建：题目明确指出，基地作为和滨河绿地的重要节点，需要强化带状绿地的连通性，这个高明之处在于设计的视野必须从系统性角度来阐释，考虑整体滨河绿地的连续性和连通性，当然也包括可行性。两侧的城市道路为了通航设置了桥梁，且设计标高达到11米之高，桥下绿地步行的连续可行性完全具备。

c.织补城市的功能嵌入设计：作为一个滨水绿地公共空间，已不是传统内向城市公园的考虑，从题目的功能要求上也能看出，更多地追求与周边城市功能的互动，提供更开放的空间和更具有使用价值的功能空间，而周边清楚的空间关系也基本指明了各类功能布局可能出现的位置。

d.强化特征的空间序列：空间与功能本身是相辅相成的，而理解空间也必须从题目定位下手，滨水公共空间的空间特性趋向于开敞通透、序列清楚、等级明确。场地本身并没有太多地物要素，所以应适度创造如码头、灯塔、观景廊桥等地物要素。

e.满足通航与滨水游憩共生需求：垂直驳岸的改造结合地形，改造4米标高的近水岸为缓坡入水式自然河岸，可以取得更好的景观视觉效果与生态效果。

（3）要点研判解决。

地形解决策略——分层次、多维度设计。

地形如何控制、如何设计是方案极其有趣之处，是选择一个大缓坡下去，还是双层台地下去，亦或是多层台地布局？

a.大缓坡式——接近现状。

和场地接近的设计方式因为相对简单，被大多数设计所采用，然而这样做也失去了设计的最大乐趣，而地形的控制与设计，是风景园林教学中极为重要的一部分，贴近地形的设计固然可以，但绝非上策。

b.双台地式——富有设计

例如哈格里夫斯的坎伯兰公园，该公园对地形的把握极佳，明确的地形控制对空间效果的营造具有极高的空间价值。

c.多台地式——层次丰富

多台地的设计好处在于能解决较大的高差问题，此类问题也较多地存在于快速设计中，因此掌握此种设计方法有助于应对各类不同问题。

（4）四大策略。

a.交通网络策略——整体协调、立体构建。

一方面要通过设计来实现两块绿地的一体化设计，另一方面也要跳开两块绿地整体的视野，从更大的视野来完善流线，保证滨水绿道顺畅连续、绿地流线完整一体。而这两条流线存在的不同的竖向关系，为场地空间的交通立体化策略提供机会，场地入口的位置也应该选择在工程合理处以及人流进入便捷处。

b.功能完善策略——分类型系统解决。

以茶室茶座为核心的休闲区——对接办公区；以户外教育为主的活动区——对接小学；以服务居民为主的集会健身区——对接居住区；以绿道贯穿为主的滨水健康区——对接滨水绿地；以形象展示为主的广场区——对接城市交叉口。

c.空间序列策略——视线强化地物要素构建。

明确空间的开合关系与视线关系，利用场地的高差创造明确的场地空间视觉结构，提高方案的整体性，以此来进一步完善场地的特征，将地形、视线、码头、灯塔、观景廊桥等重点要素建立起整体的关联视觉体系。

d.水岸共生策略——生态优先、视觉提升、功能整合。

2米以下区域的硬质空间保留，主要修正水岸2米以上部分，采用自然入水驳岸设计，展示水位差异化的自然水岸景观。利用改变的水岸，将要求的游船码头以内湾式藏在水岸一侧，满足自身需求与外部通航需求。在合适位置设置内弯，保证通航与亲水并存。

2）造局：设计理念 + 设计概念

（1）共生设计理念：滨水绿地的特征决定了自然生态与人文活力存在一定程度的不兼容性，这也反映在游憩与安全上，因此共生理念在此方案中具有较好的适用性。

（2）立体化设计概念：结合现有场地的高差关系，以疏密强化方式进一步修正地形，以利于各类要素布局，并且创造特殊、标志化的景观效果，在亲水、链接城市两个层面兼顾统筹。

3）构思：景观结构 + 功能流线（图 5-37）

被河流分隔的两块绿地，需要跨越河流整体考虑结构的可能，这样也同时满足了题目要求。功能的构想、内外协调考虑是基本方法。因此，将功能与流线通过整体化的设计原则，整合出完整的方案结构。

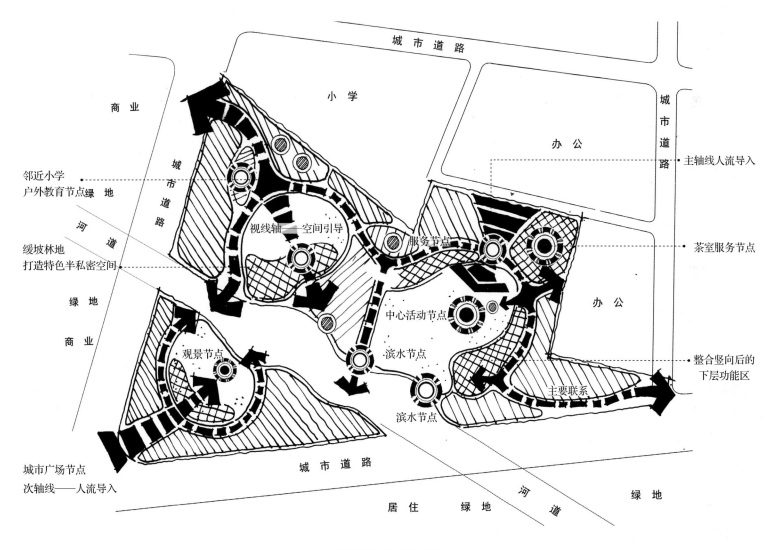

图 5-37 初步构思图

4）定法：设计语言 + 设计要素（图 5-38）

　　滨水绿地对形式本质上并无特殊指向性要求，场地的边界与河流关系呈现出规则与不规则的碰撞，选择一个自由曲线的形式，可以合理地融合碰撞，建立友好的整体关系，反映出对自然空间的反馈，也更利于整合各类功能组群。要素的组合更应该统筹人工要求和自然要素，以解决功能与场地流线、场地高差的问题为主。

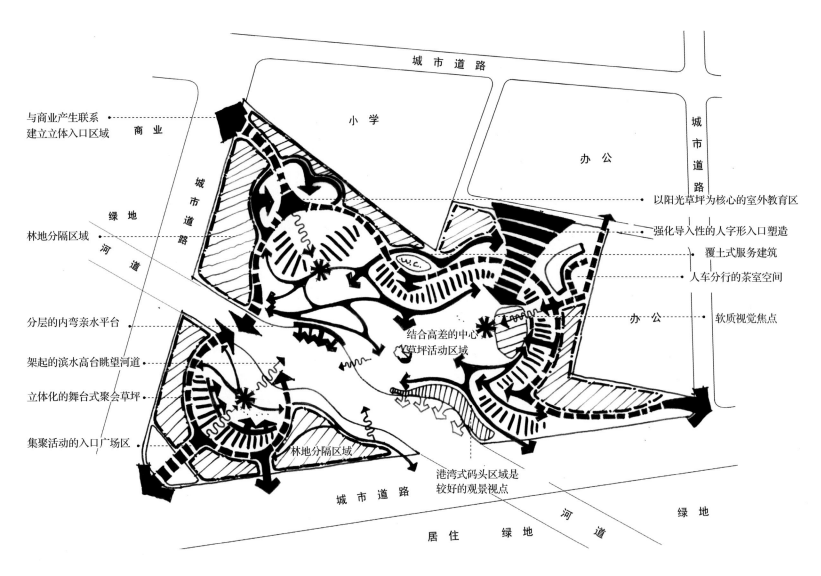

图 5-38　深化构思图

5）成图：衔接要求＋完善方案（图5-39）

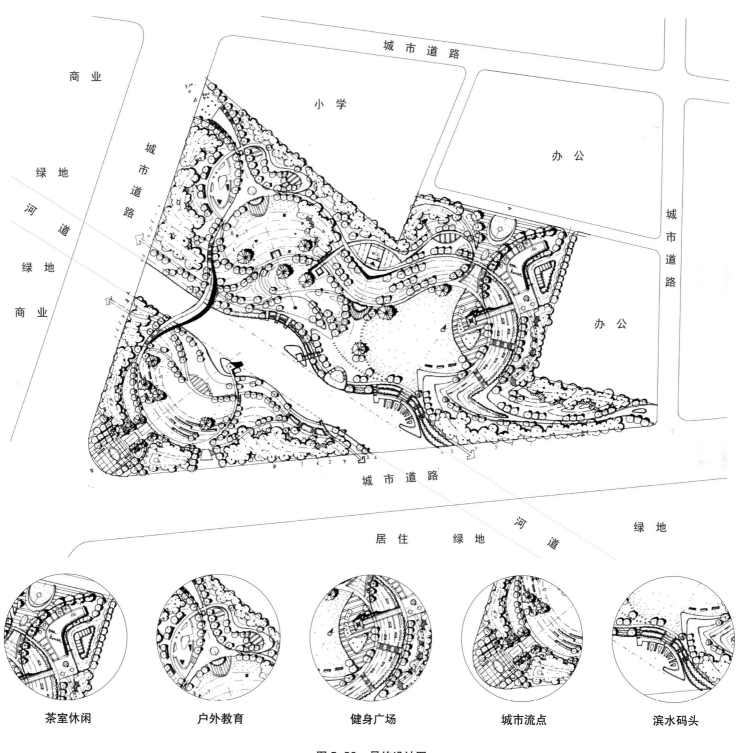

茶室休闲　　　户外教育　　　健身广场　　　城市流点　　　滨水码头

图5-39　最终设计图

5.6.4 滨水开放绿地选题（二）

1. 基地概况

地块为一期建设用地，毗邻城市河道，面积1.3公顷。基地中有古树6棵，一个6米见方的石台（石台标高4.2米）上有一个4米高的石碑，上面记录了这里一次重要的航运事件，靠河岸处有一个古代（宋代）码头遗址。

图5-40中画出了河道规划蓝线，常水位标高±0.00m，此处有防汛要求，洪水位是6米，须在蓝线以外设置防洪堤，蓝线以内要考虑市民的亲水活动需求，安排亲水设施。

因为二期已经解决了停车问题，此地块无须考虑小汽车和大巴车位，只需能放置50辆自行车的停车场。地块内拟建一个800平方米的展览建筑，用来展示书画等艺术作品，最好不超过2层，宜作园林式建筑处理。场地宜作自然、生态化处理，不用考虑土方平衡问题。

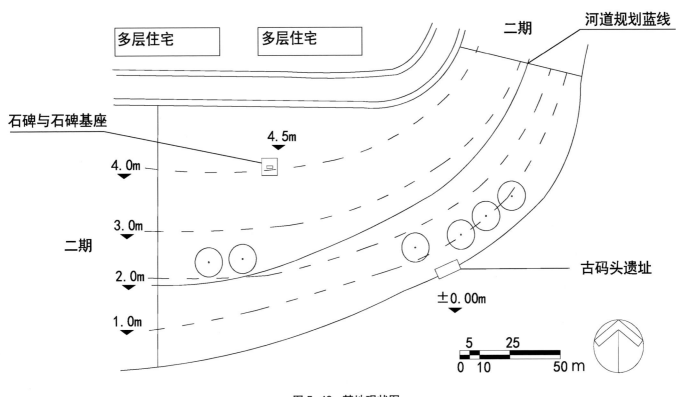

图5-40 基地现状图

2. 解题思路

1) 释疑：题意分析 + 问题研判（图 5-41）

（1）解题信息细分。

a. 区位信息：位于城市河道一侧，北侧由居住用地构成，外部环境较为简单。

b. 场地信息：基地内有石碑 1 处、古码头 1 处，以及保留古树 6 棵，需要设置 800 平方米的展览建筑 1 座。

c. 水文信息：洪水位为 6 米，需要在蓝线以外设置防洪堤 1 处，需要兼顾防洪与亲水需求。

d. 交通信息：北侧为城市道路，需要 50 个自行车停车位。

（2）三个关键要点。

a. 满足防洪堤设置的需求，同时满足亲水需求，考虑防洪带来的场地的整体竖向调整。

b. 滨水绿道与防洪堤同步设置，考虑与相邻绿地的一体化绿道设计。

c. 融合码头石碑等要素的方案格局构建，创造多个空间片段区域。

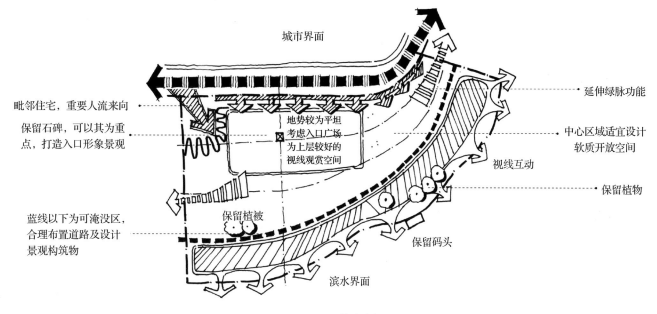

图 5-41　基地分析图

2) 造局：设计理念 + 设计概念。

（1）以文化为核的设计理念：场地的文化要素具有鲜明特色，不同时期的要素呈现出多元文化的时代更迭，融入这些要素，展示场地的时间性与文化性，是设计的核心理念。

（2）历史叶脉设计概念：以叶脉的形态为设计的初始点，如同叶脉生长的形态一样，通过不同片段的历史代表物整合设计要素。

3) 构思：景观结构 + 功能流线（图 5-42）

对于多序列空间轴线的控制，能够在强化滨水可达性的同时，维持整体场地差异化的文化特色。以建筑布局作为整体结构的中心节点展开设计，在保持场地滨水连续、滨水多层体验、差异空间序列的同时，构建清晰的滨水空间结构，保持方案的完整性并能与空间互动，利用流线、节点、区域三大成分统筹构建方案结构。

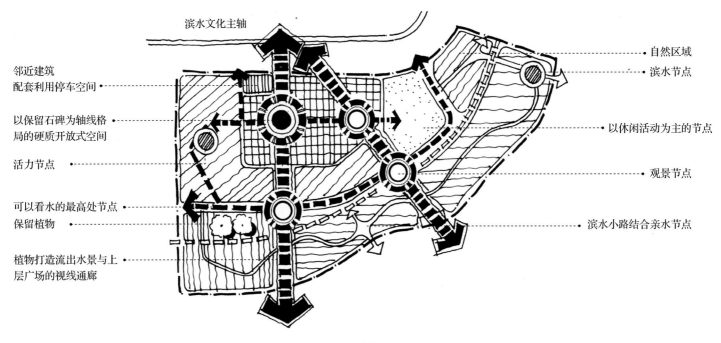

滨水文化主轴

邻近建筑
配套利用停车空间

以保留石碑为轴线格
局的硬质开放式空间

活力节点

可以看水的最高处节点
保留植物

植物打造流出水景与上
层广场的视线通廊

自然区域
滨水节点

以休闲活动为主的节点

观景节点

滨水小路结合亲水节点

图 5-42　初步构思图

4）定法：设计语言 + 设计要素（图 5-43）

在设计形式的选择上更倾向于轻松、不拘泥于具体形式的风格，建筑要素的布局更考虑对外的便捷性，活动场地的布局倾向于安全性与可达性，流线的设置更倾向于网络通达性，植物要素在保留现有植被基础上，展现更多的开放空间与本土化考虑。

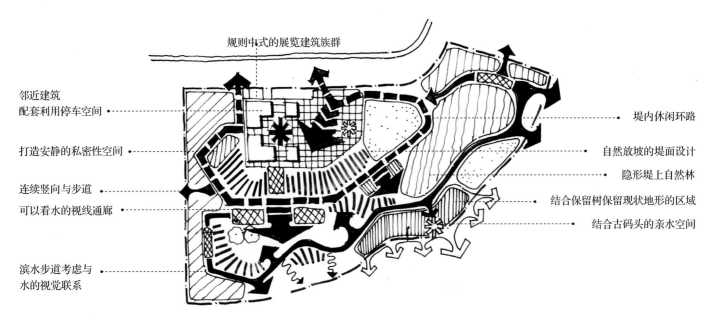

规则中式的展览建筑族群

邻近建筑
配套利用停车空间

打造安静的私密性空间

连续竖向与步道
可以看水的视线通廊

滨水步道考虑与
水的视觉联系

堤内休闲环路

自然放坡的堤面设计

隐形堤上自然林

结合保留树保留现状地形的区域

结合古码头的亲水空间

图 5-43　深化构思图

5）成图：衔接要求 + 完善方案

梳理清楚准确的软质竖向关系是题目的核心意图之一，因此需要准确标注，并能清楚表达防洪、亲水的双重要求应对。对于保留物的清楚表达也应充分重视。图 5-44 展示了三种设计方案，最后根据 PLAN C 得出最终设计图（图 5-45）。

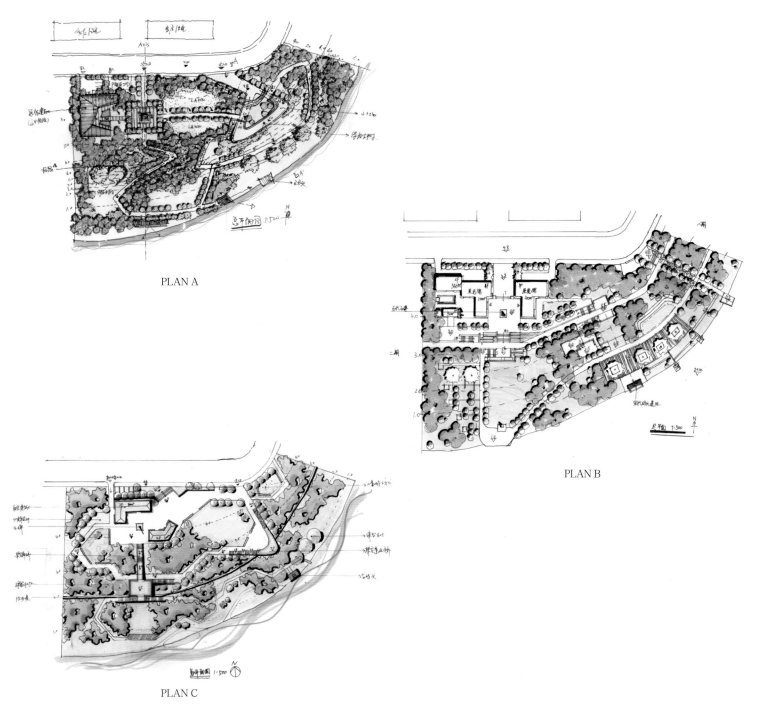

PLAN A

PLAN B

PLAN C

图 5-44 三种设计方案

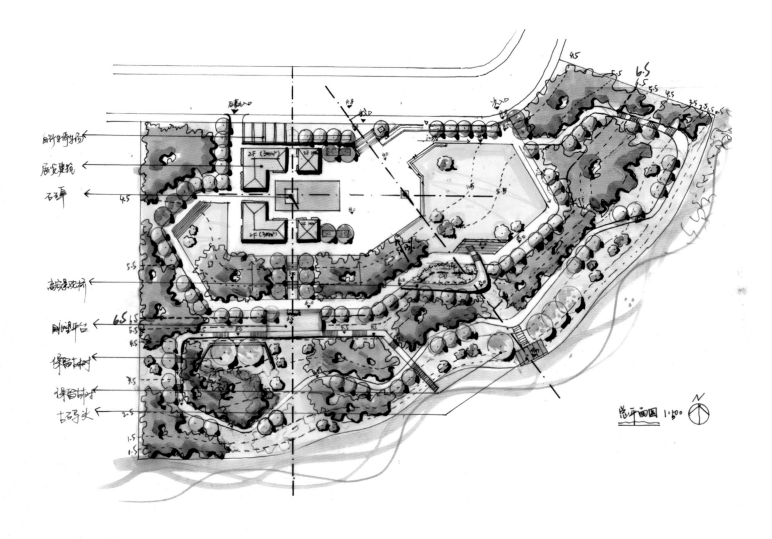

图 5-45　最终设计图

五大设计策略
FIVE DESIGN STRATEGIES

6.1 策略一：抓大放小

6.1.1 时间安排

时间安排是决胜千里的关键之一，应试者在平时练习时应对自我的设计、表达分阶段控制，以便于养成一定的控制力。控制力的强弱一方面与日常积累相关，另一方面与临场练习习惯有关。不论快题要求的时间是 3 小时还是 6 小时，每张图纸均有一定分值，要尽可能提高图纸的完成度，图纸的缺失会让应试者得不偿失。同时应尽量使每张图纸深度相似，避免造成判卷者产生图纸未完成的认知，并且完整统一的图纸往往更有视觉冲击力。

1. 3 小时快题时间分配

3 小时快题时间分配如表 6-1 所示。

表 6-1　3 小时快题时间分配

阶段	任务	内容	时间
1	审题	仔细阅读任务书，明确场地基本信息，结合给出的现状平面图，准确把握题目考点	10 分钟
2	分析 + 构思	分析题目考点，确定方案设计理念，据此形成方案的设计结构和基本形态，明确功能分区	20 分钟
3	总平面图 详细设计平面图	扩图：将给出的现状平面图扩图成题目要求的比例，同时要绘制出场地周边的道路、水体、建筑等	15 分钟
		方案：初步绘制方案整体布局，推敲落实风景园林设计的结构，确定形态	30 分钟
		墨线：对风景园林设计总平面图进行深化，丰富方案细节	40 分钟
		上色：先绘制底层颜色，再往上铺色，最后绘制阴影	15 分钟
		标注：设计标高、建筑高度、需要说明的节点等	5 分钟
4	分析图	一般包括道路交通分析图、功能分区分析图、空间结构分析图，根据题意和设计意图，适当增加其他分析图	10 分钟
5	剖面图	表现场地空间变化、地形变化及重点设计处	15 分钟
6	效果图	重要节点空间表现，透视准确，主次分明	10 分钟
7	设计说明	逻辑清晰，内容完整	5 分钟
8	检查	根据题目考点查漏补缺	5 分钟

2.6 小时快题时间分配

6 小时快题时间分配如表 6-2 所示。

表 6-2　6 小时快题时间分配

阶段	任务	内容		时间
1	审题	审题、分析、构思是风景园林快题设计的关键阶段，也是考查快速构思能力的阶段	仔细阅读任务书，明确场地基本信息，结合给出的现状平面图，准确把握题目考点	20 分钟
2	分析 + 构思		分析题目考点，确定方案设计理念，据此形成方案的设计结构和基本形态，明确功能分区	30 分钟
3	总平面图 详细设计平面图	相对于 3 小时风景园林快题，6 小时风景园林快题的总平面图绘制阶段需要绘制得更加细致，传达出设计意图与细节，在表达图纸的同时，更要注重制图规范	扩图：将给出的现状平面图扩图成题目要求的比例，同时要绘制出场地周边的道路、水体、建筑等	20 分钟
			方案：初步绘制方案整体布局，推敲落实风景园林设计的结构，确定形态，分区绘制方案	40 分钟
			墨线：对总平面图进行深化，丰富方案细节，6 小时快题需要更加丰富的细节来体现应试者的风景园林设计能力	120 分钟
			上色：风景园林设计配色也是表达的关键，先绘制底层颜色，如草坪、铺装、水体等的颜色，再往上铺乔灌木、建筑等的颜色，最后绘制阴影，增加图面光影效果	35 分钟
			标注：规范的风景园林设计需要标注设计标高，建筑的性质、层数、面积，以及需要说明的节点	5 分钟
4	分析图	一般包括道路交通分析图、功能分区分析图、空间结构分析图，根据题意和设计意图，适当增加其他分析图		20 分钟
5	剖面图	表现场地空间变化、地形变化及重点设计处		30 分钟
6	效果图	重要节点空间表现，透视准确，主次分明		20 分钟
7	设计说明	逻辑清晰，内容完整		10 分钟
8	检查	根据题目考点查漏补缺		10 分钟

6.1.2　信息筛选

有深度的考题为了识别应试者的分析研究能力，通常会给出较多的题目条件，其中一些与设计密切相关，还有一些则用于混淆视听。例如，题目给出简易厂房这样的条件时，应试者容易被惯性思维左右，认为应该在设计中予以保留，然简易之所以谓之简易，则意味着保留价值全无，这时候应试者需认真分析，避免惯性思维。再如，题目给出地形条件的时候，应仔细分析地形是平坦还是较陡，对设计是否有决定性的影响。题目信息中有一些图纸中的重要信息，应试者也往往容易忽略，尤其给出的现状图中一些重要文字信息虽然清楚，但往往很小，慌忙之中极易忽略，从而错失考点，追悔莫及。

6.1.3　快速构思

过分沉迷于细节的设计会影响整体进度，导致效率降低，无法完成要求的图纸量。因此，快速构思应以大局为重（图6-1）。应将每次平时练习当成考试来对待，否则平时的拖沓习惯会影响最后考试的状态。甚至在平时的练习中可以要求自己用比规定时间更短的时间来完成图纸，久而久之效率会提高很多。

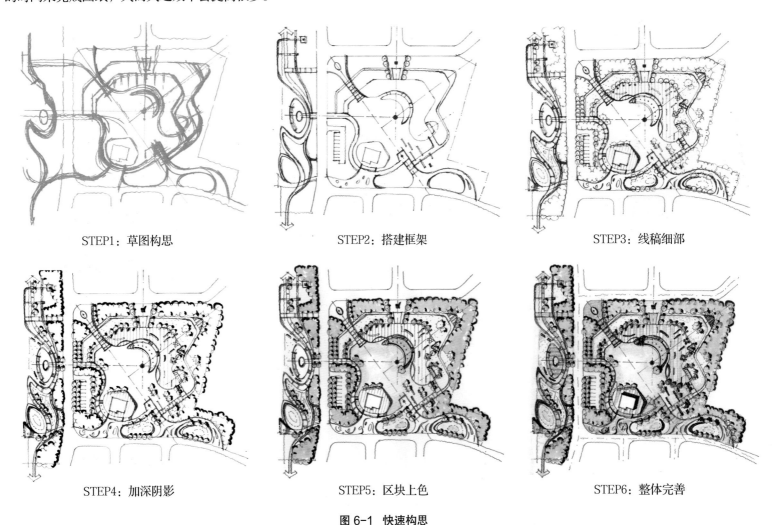

STEP1：草图构思　　　　STEP2：搭建框架　　　　STEP3：线稿细部

STEP4：加深阴影　　　　STEP5：区块上色　　　　STEP6：整体完善

图6-1　快速构思

6.2 策略二：重点突出

6.2.1 紧扣要点

阅读题目是至关重要的一步，要熟知题目场地所处的空间背景，理解题目要求，深度理解要求与条件之间的互补关系，将两者串接、互补，回应题目的真正用意。

其中常见的方面如下。

①定位：题目定位往往决定功能构成与流线。

②交通：周边交通关系、城市道路的人流导入及车行限制。

③要素：地形、水系、山体、古建的保留与再利用。

④空间凸显、场地细化：风景园林设计的核心旨在在空间、时间充足的条件下，对各要素进行细化设计。

6.2.2 主题发挥

以主题形式出现的考题越来越多，范式的运用必须加入主题流线、主题场景、主题功能的穿插，从设计范式、语言、要素等方方面面体现主题。

案例：纪念性主题的体现与空间表达（图6-2）。

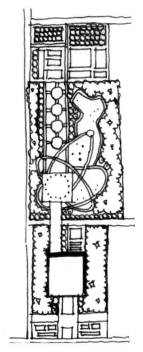
传统设计思维下的纪念空间1

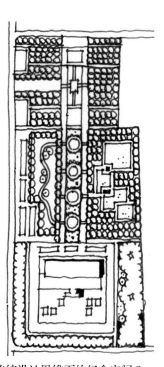
传统设计思维下的纪念空间2

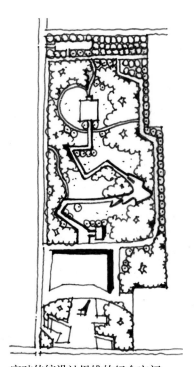
突破传统设计思维的纪念空间

图6-2 改绘自朱育帆青海原子城草图

6.2.3 重点突出

在理解题意的基础上，对重点区域或重要节点、轴线的刻画应多加笔墨，让阅卷人能瞬间理解设计者的设计重点。这个多加笔墨不仅仅是通过表现来强化，而且要从设计的复杂繁简去与周围取得对比，谋求更有效果的表达。

6.3 策略三：要素熟记

针对风景园林快题中常见的功能节点，应该在考前熟记，并能做到灵活运用、举一反三，能理解各类空间的尺度和类型。书读百遍，其义自见；图绘百遍，同理可见。风景园林快题中常见节点要素如图 6-3 所示。

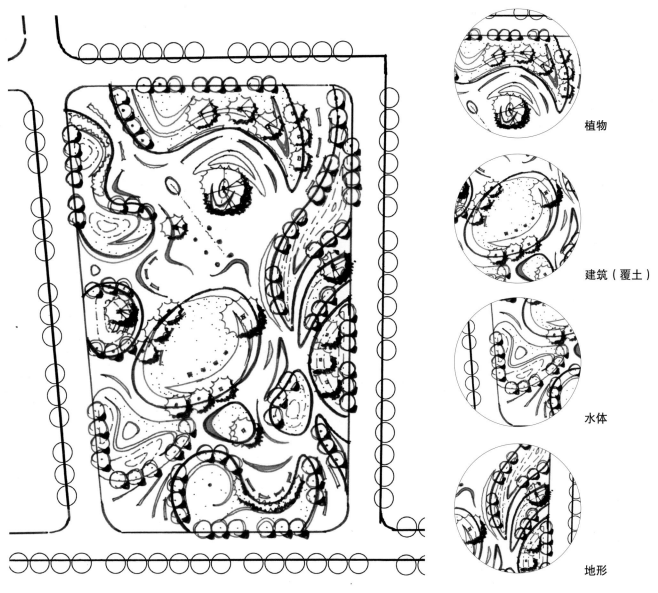

植物

建筑（覆土）

水体

地形

图 6-3 常见节点元素

6.4 策略四：范式运用

对于不同的场地，当问题导向需求较少时，设计范式的运用或能大大提高设计效率。反之，当整个题目以问题为导向进行设计时，运用范式就会对设计者提出更高的要求，有时甚至需要打破范式。灵活地将范式举一反三，根据题目要求进行适应性改进，真正熟练以后便可以无招胜有招，忘记范式。范式运用如表 6-3 所示。

表 6-3　范式运用

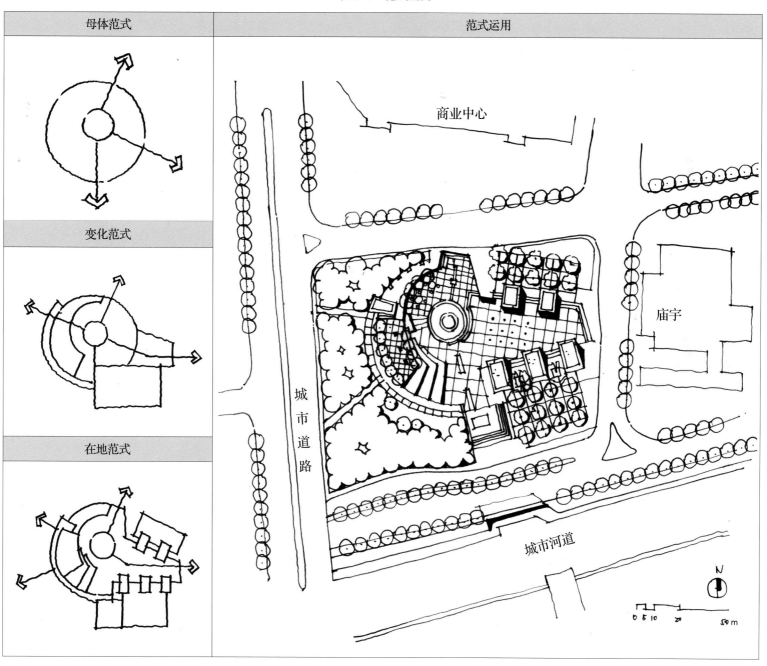

母体范式	范式运用
变化范式	
在地范式	

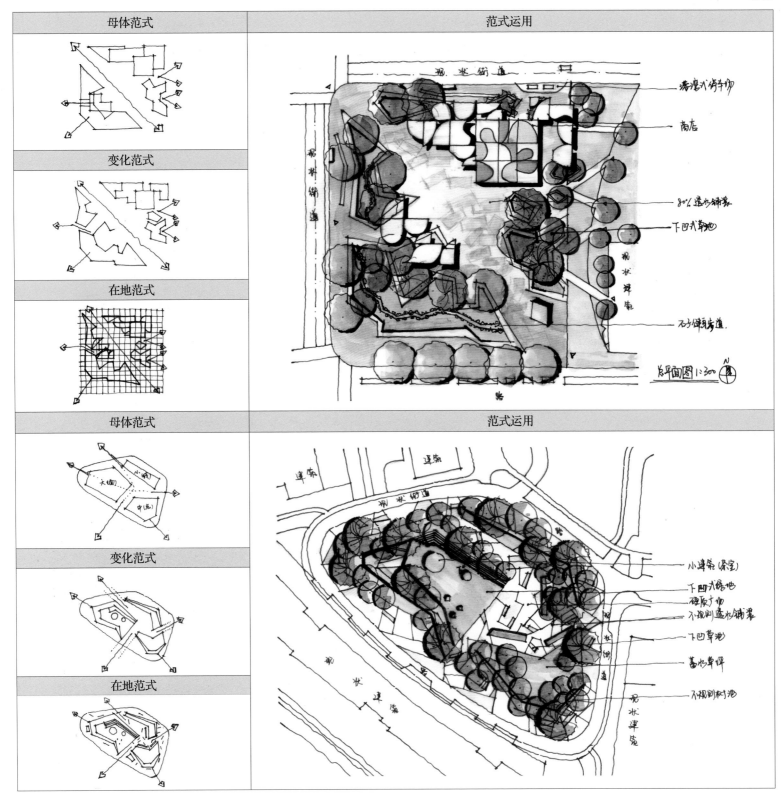

母体范式	范式运用
变化范式	
在地范式	
母体范式	范式运用
变化范式	
在地范式	

6.5 策略五：以不变应万变

能熟练合理地安排时间读题、定调、理顺空间、布局功能流线等是基础。随着题目复杂性的提升，各类应试者见所未见、闻所未闻的题型与考查点不断出现，应试者若故步自封、不思进取，则极易被新题、新考点难住。作为选拔型考试，考查应试者与时俱进的思想状态与勤学自研的学习方法才是最可贵的。常见的设计法则及其组合应用如表6-4所示。

表6-4 常见的设计法则及其组合应用

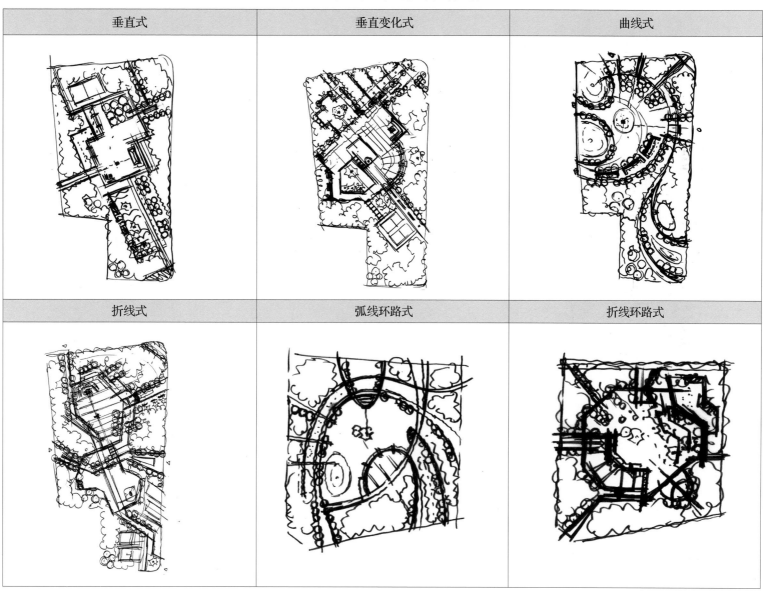

垂直式	垂直变化式	曲线式
折线式	弧线环路式	折线环路式

图解设计：风景园林快速设计手册（第二版）

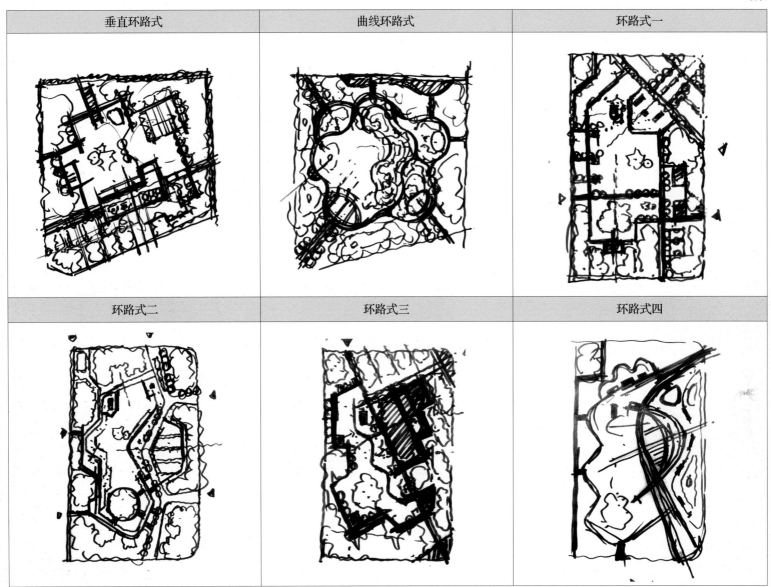

垂直环路式	曲线环路式	环路式一
环路式二	环路式三	环路式四

7

六十四例佳作赏析

SIXTY-FOUR CASES OF EXCELLENT APPRECIATION

7.1　城市雕塑艺术中心广场景观规划设计

题目来源：同济大学模拟快题
考试时间：3 小时

一、基地概况

①下图所示为长三角某大都市城市雕塑艺术中心规划图。该城市雕塑艺术中心位于城市核心区，是一个基于城市工业遗产改造，同时赋予其新的城市机能的综合文化中心。为进一步提升项目总体品质，现拟对该城市雕塑艺术中心广场进行景观设计。

②城市雕塑艺术中心广场为设计范围，面积为 1.6 公顷，地形平坦，标高基本与周围道路持平。

③图示广场西南侧道路为城市交通支路，道路红线宽度为 8 米，双向两车道；该道路东南方向接宽度为 20 米的城市交通主路，西北方向步行 10 分钟到达地铁站。

④图示围合广场的 U 形建筑群为钢铁工业建筑改造而成，红砖外墙，两层，高度 10 米左右。其中 A、B、C 区已改造完成，一层为雕塑艺术展示，二层引入各类画廊、艺术创作和艺术机构办公空间，以及与之配套的咖啡厅、酒吧等休闲空间；待改建建筑完成后以商业办公为主。由广场进入建筑的主要入口如图▲所示。

⑤图示整个城市雕塑艺术中心东北侧的道路现状为宽度 3 米的非机动车道，规划拓宽为 8 米的机动车道，双向两车道。

二、设计要求

①强调外部空间形态、风格与周围建筑的协调性和整体性，并采用适当的方式体现广场的社会效益、生态效益。

②充分考虑周边建筑的不同功能和特点，实现建筑室内空间、功能向室外的延伸。

③广场需提供公共停车位 20 个。

三、设计成果

①景观设计总平面图比例 1：500。

②各类分析图（功能组织、交通流线和景观结构等）2 张，可合并表达，比例自定。

③重点区剖立面图比例 1：200。

④广场局部透视效果图。

⑤约 100 字的设计说明以及经济技术指标表。

所有成果均以钢笔淡彩形式表达在 1 张或 2 张 A1 硫酸纸上。

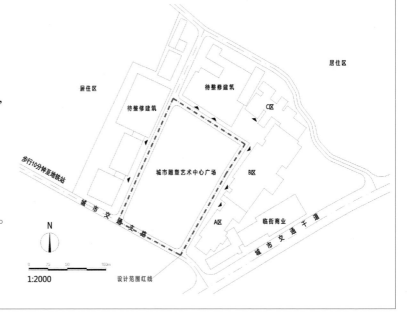

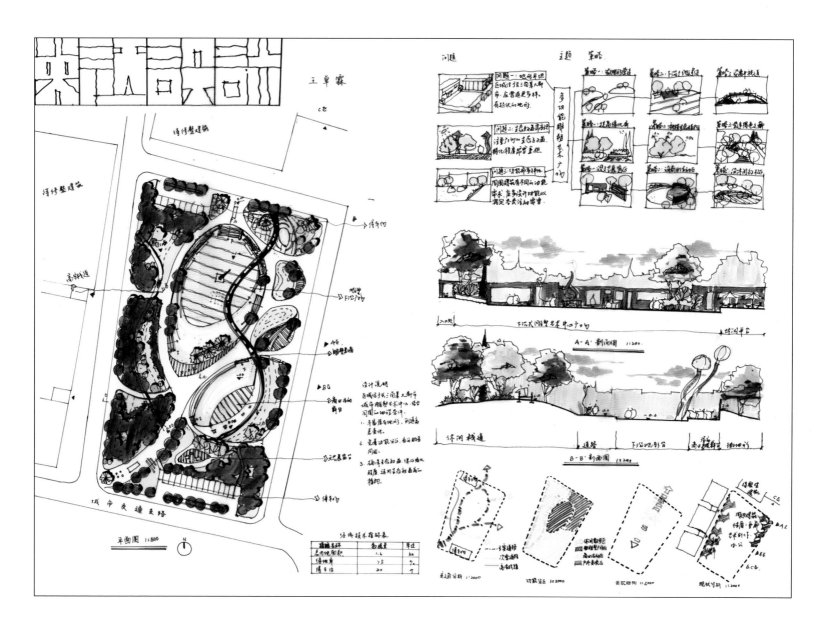

图纸信息	评语
姓名：王卓霖	方案设计对场地的流线空间组织有较为深刻的理解与应对，考虑了主要人流来向与去向的组织，并形成了层次分明的等级。对于场地自身的空间特色，用主题塑造的方式形成了方案的视觉特点，熟练运用竖向设计，丰富了场地的空间层次。不足之处在于停车场的布局与开口不合理，主要空间的展示面应与主动线形成更强的空间联系。
用时：3 小时	
纸张：硫酸纸	
大小：A1	

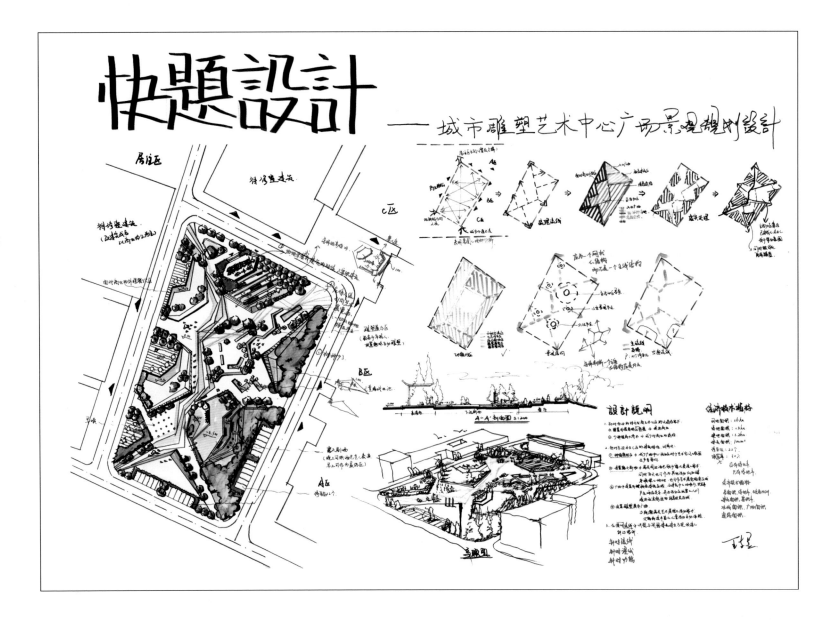

图纸信息	评语
姓名：王东昱	设计者理性地图解了设计方案的生成过程，且其依托的基础是对场地关系的有效梳理，对周边城市功能的呼应也是合理设计的基础。设计形式统一且富有设计感，虽有借鉴成熟案例，但对于初涉设计的学生来说，未尝不可。不足之处在于，种植的疏密秩序没有章法，停车设施布局没有注意规范性与合理性，整体排版构图也不均匀。
用时：3 小时	
纸张：硫酸纸	
大小：A1	

7.2 某石灰窑改造公园设计

题目来源：同济大学 2011 年风景园林考试保研试题
考试时间：3 小时

一、现状情况

用地位于江南某小城市近郊，离城市中心仅10分钟车程。基地三面环山，东侧向高速公路开口，总面积约2.3公顷。基地分为上、下两层台地，四座窑体贴着山崖耸立。下层台地上有3座现状建筑，2个池塘。上层台地为工作场坪，有机动车道从南侧上山衔接。

生产流程是卡车拉来石灰石送到上层平台。将一层石灰石、一层煤间隔着从顶部加入窑内。之后从窑底点火鼓风，让间隔在石灰石之间的煤层燃烧，最终石灰石爆裂成石灰粉，从窑底运出。目前该石灰窑已经被政府关停，改造为免费的、开放型的公园。

二、设计要求

该公园主要满足市民近郊户外休闲需求，以游赏观景为主，适当辅以其他休闲功能。建筑、道路、水体、绿地的布局和指标没有具体限制，但绿地率应较高。原有建筑均可拆除，窑体保留。上、下台地宜各设置1座小型服务建筑（面积30～50平方米），各配备5个小型车车位，下层台地还应考虑从二级公路进入的入口景观效果。设置1座厕所（面积40平方米）以及自行车停车场等。

应策划并规划使用功能、生态绿化、视觉景观、历史文化等方面内容，设计方案应实用、美观、大方。

三、成果要求

A3 图纸若干（强调方案构思和黑白图示表达），包括：

①总平面图，比例为 1∶700；

②分析图（内容自定）；

③文字说明（字数不限）；

④平、立、剖面图，小透视图（数量不限，能表达设计意图即可）。

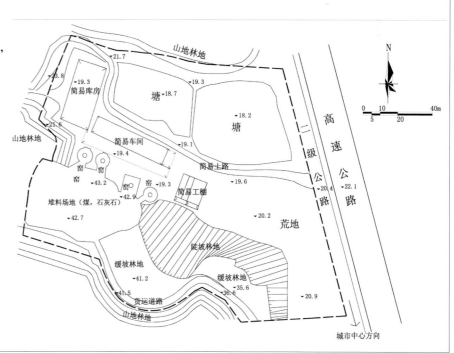

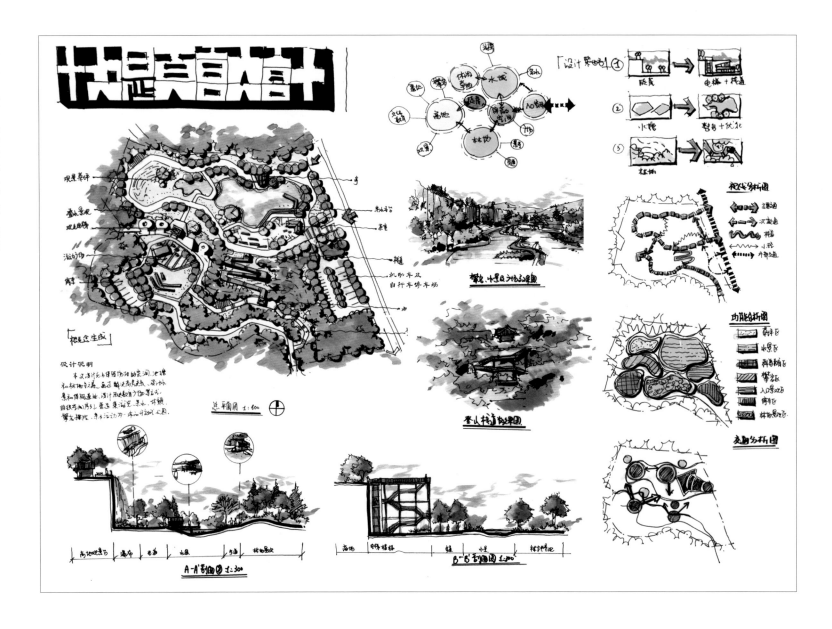

图纸信息	评语
姓名：欧阳慕莹	图纸突出了设计思路的多样表达可能，研究了场地要素之间的关系并给予图解。理清场地关系是必备的理性要素，是设计方案的基石，也是感性空间设计的基础。设计者对场地竖向、现状要素、场地定位的理解与判断基本合理。不足之处在于，对平面与竖向尺度的比例把握不足，导致部分设施的表达尺度失调；平面要素（如园路等）尺度略显失调，现状水面缩小也无合理支撑。部分分析图纸表达需进一步梳理关系。
用时：3小时	
纸张：硫酸纸	
大小：A2	

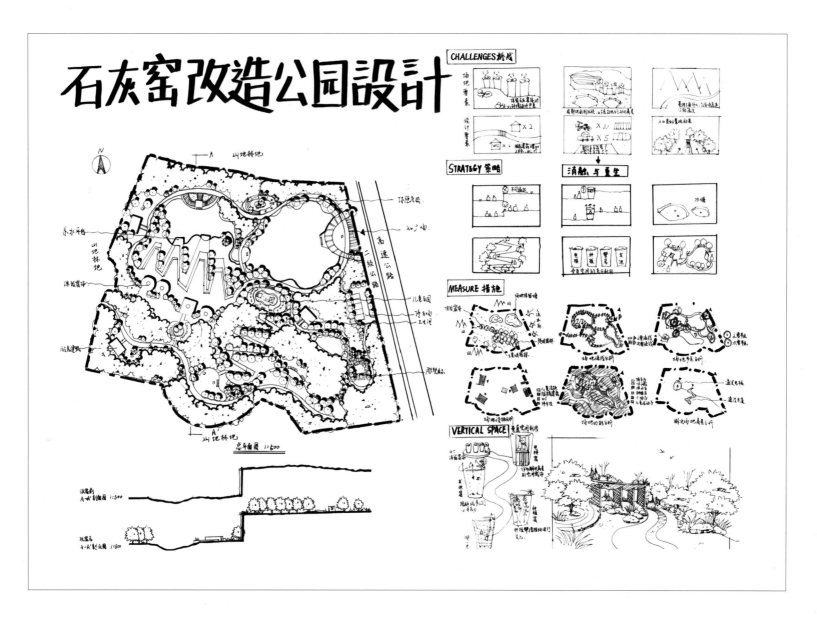

图纸信息	评语
姓名：李佳慧	消融与重生的主题对石灰窑改造公园的立意是比较好的提法。一方面表达出了场地剧烈高差带来空间割裂的设计对策，另一方面表达出了现有空间从生产性状态转向生活休闲性空间的时代使命与愿景。在剖面图表达上突出了现状与设计的对比，不足之处在于，未能交代竖向交通衔接的方式，好在有补充图纸说明。方案本身应该注意道路肌理与竖向的匹配关系，以及现状水面以保留为主的再利用表达。
用时：3 小时	
纸张：硫酸纸	
大小：A2	

7.3 湖滨湿地公园景观设计

题目来源：不详
考试时间：6 小时

一、基地概况

如下图所示，基地位于太湖湖滨，在双车道湖滨路和湖岸之间。

二、要求

现拟在红线范围内建成一座生态湿地公园，并布置一个面积 2000 平方米、2 层或 3 层的湿地科技展示馆和一个小型游船码头，其他项目按照公园的功能和规模布置，并符合《城市湿地公园设计导则》的相关规定。规划设计方案要充分展示滨湖湿地的特点，将生态、景观和游赏、教育有机结合。请以湿地公园的规划设计为主，并在图上标出湿地博物馆的位置和平面布置。

三、提交成果

图纸包括总平面图、功能与交通分析图、景点与项目分布图。至少有一张主要场地的详细设计图和透视图，其他（如典型剖面图等）可以根据时间取舍。所有成果绘制在 A1 幅面图纸上。

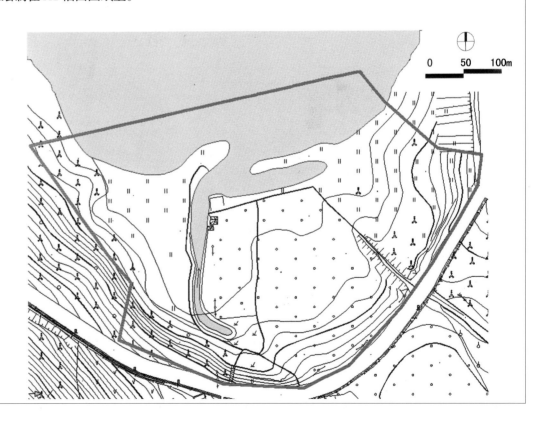

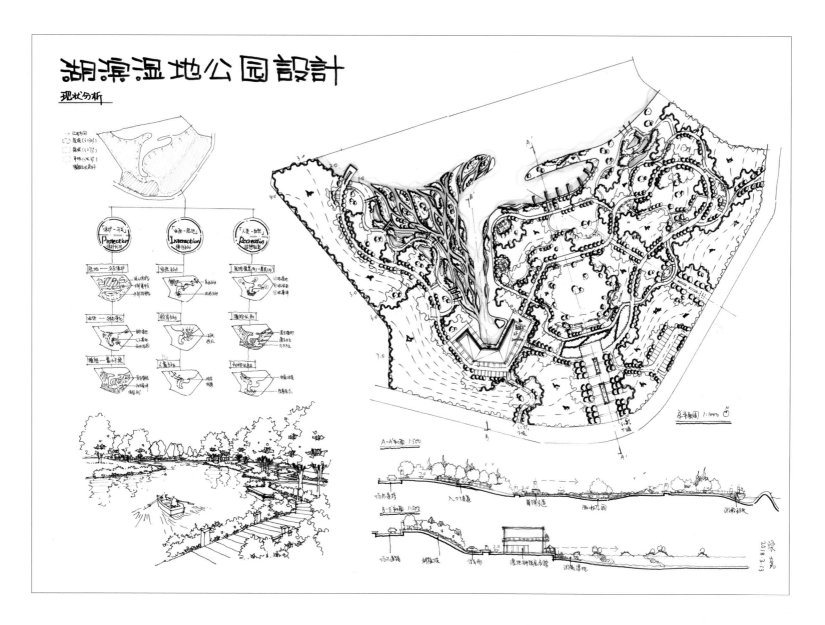

图纸信息	评语
姓名：梁竞	湿地公园作为快速设计的一个专业类型，设计时需要充分理解场地水文条件与地形环境，对于湿地的保护范围划定给予理性的生态原则，设计者的理念表达与之相匹配。方案总体也遵循了生态法则，在布局上考虑到了场地的地形条件，博物馆与湿地结合较佳。空间层次表达清晰。不足之处在于，方案未能体现对现状林地的保护利用，湿地空间的表达也略显几何化，部分边界过于平直。对人工秩序的追求不应超过自然秩序的存在。
用时：6小时	
纸张：硫酸纸	
大小：A1	

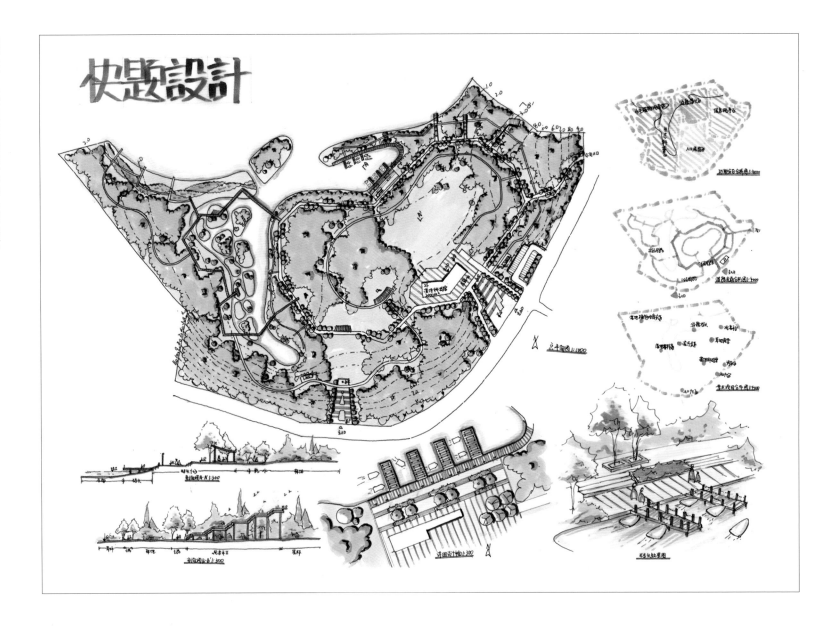

图纸信息	评语
姓名：张佳琪	设计方案相对稳妥地结合现有的水岸作湿地化改造，分区明确，可操作性强，水陆关系表达明确。码头的选址结合了天然港湾空间略作扩大，现有林地也有考虑保留和保护。东西两区体现出自然与活动之别，内外高差的考虑也有所表达，图面效果整体清新、明亮。不足之处在于，湿地博物馆的选址没有注重与湿地的关系，部分活动空间的表达与功能策划关联性不足。对于湿地规模的控制不妨略微大胆，同时要加强整体设计意图的表达与图示化表达。
用时：6 小时	
纸张：硫酸纸	
大小：A1	

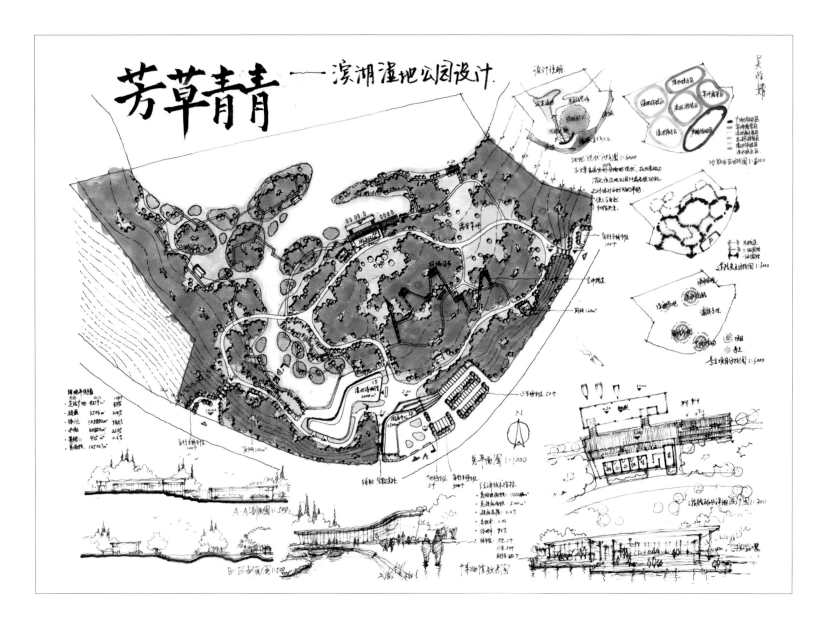

图纸信息	评语
姓名：吴怡婧	水陆交织的湿地空间，在形态上呼应得相对自然合理，与之组合的湿地博物馆布局位置也较为合理。对现有林地的保护与再利用方式相对合理，场地内外的高差在竖向设计上有充分体现。整体的交通组织与功能策划相对理性克制。不足之处在于，设计理念与场地特点的关联度不足，整体图纸色彩表达偏于灰暗，不够清新，配色是值得进一步提高的方向。分析表达部分略为平淡，对于设计主题与思路表达不足。从景观规划的视角看，是不错的方案。
用时：6 小时	
纸张：硫酸纸	
大小：A1	

7.4 城市滨水休闲广场规划设计

题目来源：同济大学 2012 年风景园林研究生考试保研真题
考试时间：3 小时

一、用地现状与环境

城市背景：基地位于海口市，该市为热带海洋季风气候，全年日照时间长，辐射量大，每年平均气温为 23.8℃，最高平均气温 28℃，常年以东北风和东南风为主，年平均风速 3.4 米 / 秒。自北宋开埠以来有千年历史，2007 年入选国家级历史文化名城名录。

基地概况：基地位于海口中心滨河区域，总面积 1.16 公顷，南为城市主干道宝隆路（红线 48 米，双向 6 车道），对面为骑楼老街区，是该市最具特色的街道景观之一，已经成为标志性旅游景点，其中最古老的建筑建于南宋，至今 600 多年，整体建筑呈现欧亚混合的多元建筑风格特征。基地北临同舟河，河宽 180 米，北岸为高层住宅，同舟河一般水位为 3 米，枯水位为 2 米，规划为 100 年一遇防洪要求，100 年一遇的防洪标高为 4.5 米。东侧为共济路，红线为 22 米（双向 4 车道），为城市次干道。基地内西侧有 20 世纪 20 年代末所建灯塔一处，高约 30 米，东侧有几颗大树，其余为一般性植被或空地。

二、规划设计内容与要求

基地要求规划一处滨河休闲广场，满足居民日常游憩、聚会和游客集散所需，要求考虑城市防汛安全，又能保证一定亲水性。需要满足以下条件：需规划地下小汽车停车位不少于 50 个，地面旅游巴士（45 座式）临时停车位 3 个，自行车停车位 200 个，地下停车区域在总平面图上用虚线注明，地上停车位需要明确标出。布置一处节庆场地，能满足不少于 500 人集会所需，作为海口市一年一度的骑楼文化节开幕式所在地。按《城市绿地设计规范》与《公园设计规范》进行公共服务设施的配置和校核。

三、成果

总平面图（彩色，比例 1 ： 500，需注明主要设计内容和关键竖向控制）。

剖立面图（比例 1 ： 200，要求必须垂直于河岸，具体位置自定，表现形式不限）。

表达设计意图的分析图或透视图（比例不限，表现形式自定）。

规划设计说明（字数不限）。

将以上成果组织在一张 A1 图纸上（不许裁剪）。

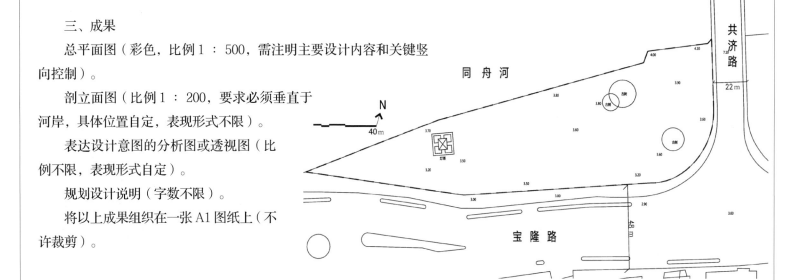

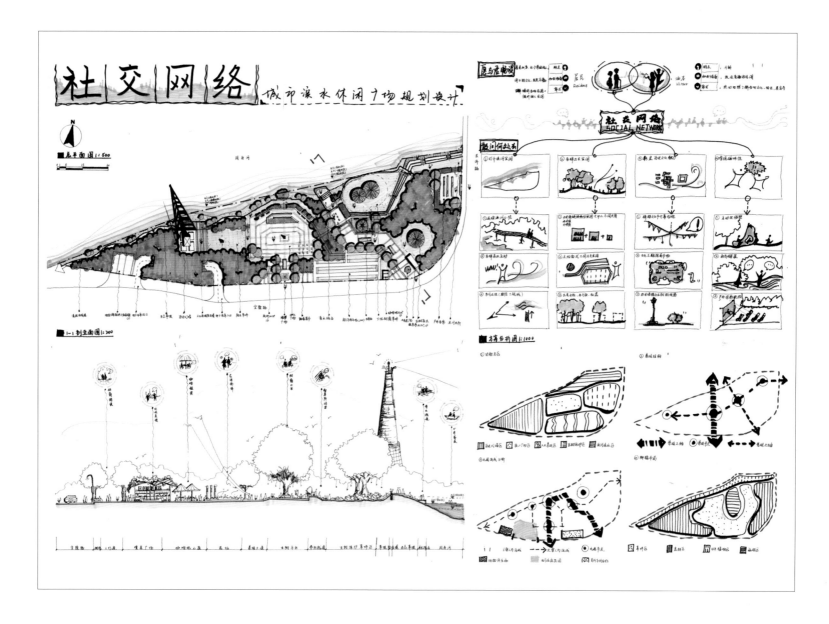

图纸信息	评语
姓名：吴晓安	社交网络作为设计方案的主题，旨在突出场所的活动性与交流性，与滨江广场的集聚性相符。方案设计版面完整饱满，分类矩阵关系完善。设计方案本身图面疏密控制得当，题意要求的各类设施表达清晰，用色清爽。不足之处在于，整体的绿地比例偏高，地下车库的位置选择过偏且不利于施工与布局，自行车停车的位置同样与场地现状相悖。方案应更多考虑现状人文要素的显化表达，防洪设计的总平面图中应清晰可见。对场地复杂问题的梳理要优于主观意图。
用时：3 小时	
纸张：硫酸纸	
大小：A1	

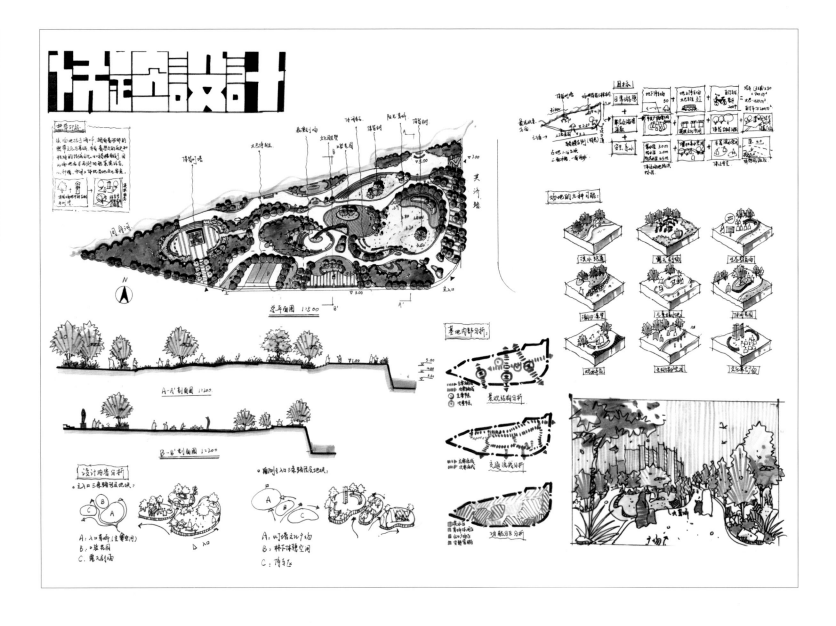

图纸信息	评语
姓名：李佳慧	图面整体表现力较强，对场地有理性分析，对水岸空间、活动空间进行模式化研究后在设计中予以一定落实，剖面图相对准确地反映了滨水安全设计的思考，但缺少亲水空间设计的表达。方案对现状要素的保留利用有所思考，但停车空间的布置表达不足，地库出入口表达不准确，大巴车停车位布置不尽合理。软硬质空间划分明确，但是活动空间的等级关系不够明显，且相互之间关联性弱，需要加强空间设计的类型差异化与视线关联性。
用时：3 小时	
纸张：硫酸纸	
大小：A1	

7.5

城市开放空间设计

题目来源：华中农业大学 2011 年风景园林研究生入学考试初试真题

考试时间：6 小时

一、基地概况

华中某旅游城市滨水区域，结合旧城改造工程拆出了一块约 4.2 公顷的地块（附图 1 中的深色地块），拟规划建设成公共开敞空间，以重新焕发和提升滨水区活力，并满足城市居民的游憩、赏景及文化休闲等需求。

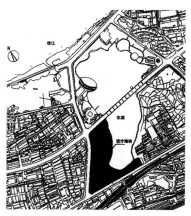

二、设计要求

①场地是由胜利东路、湘西路、环城东路三条道路以及东湖围合而成的区域，总面积约 4.2 公顷（不含人行道），场地详见附图 2。

②场地内西南角为保留的历史建筑（主楼 4 层、附楼 2 层），属文物保护单位，先用作城市博物馆，建筑呈院落围合，墙面为清水砖墙，屋顶为深灰色坡屋顶。设计时既要满足建筑保护的要求，又应纳入该开放空间的重要人文景观。

③场地西北角有几棵古银杏树，临东湖边有一片水杉林，设计时应予以保留并加以利用。

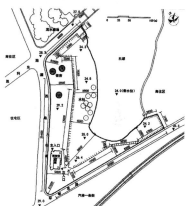

④该开放空间应兼具广场与公园的功能，为保证中心区的绿地率，设计时要求绿化用地不少于 60%。

⑤场地内高差较大，应科学处理场地内外的高程关系。出于造景和交通组织的需求，允许对场地内地形进行必要的改造，合理组织场地内外的交通关系，并考虑无障碍设计。

⑥考虑到场地周边公共建筑及卫生服务设计的缺乏，场地内须布置 120 平方米厕所一座，其他建筑、构筑物或小品可自行安排。

⑦考虑静态交通需求，整个场地的停车结合博物馆的停车需求一起布置，总共规划 12 个小车泊位。

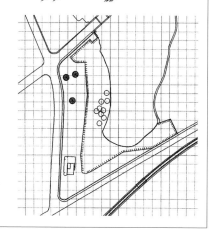

三、成果要求

根据设计任务，按规范要求自定设计成果（内容、数量、比例均自定）。

所有成果要求布置在 900 毫米 ×600 毫米图幅的纸张上（拷贝纸除外，图纸张数自定），表现方式为除铅笔素描外的任何表现手法。

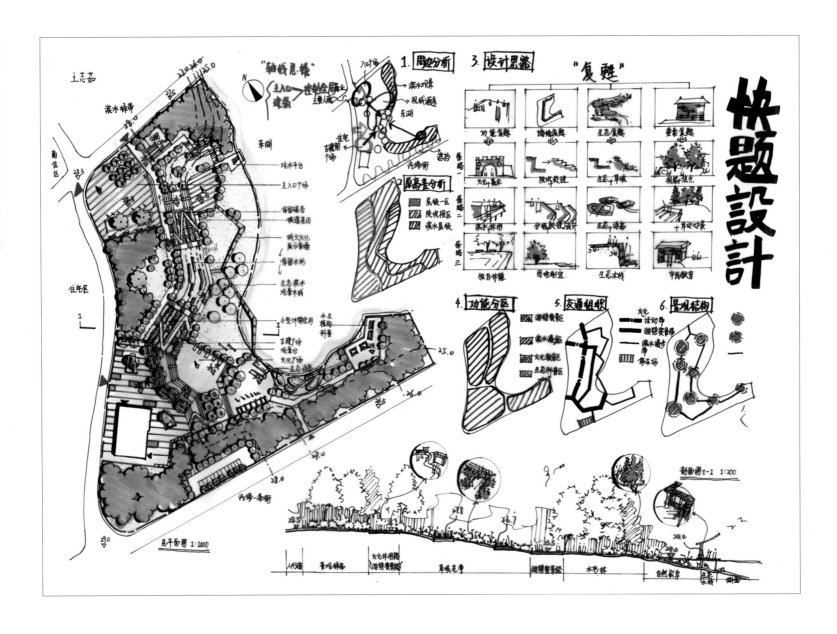

图纸信息	评语
姓名：王志茹 用时：6 小时 纸张：硫酸纸 大小：A1	设计方案对场地的地形有较好的梳理，并充分利用场地存在的 4 米高差创造了坡地、台地等空间类型。两处主要广场的位置设置得较为合理，考虑了与北侧绿地的联系和南侧公共建筑的连接。图纸表达的完整度也不错，设计主题强化了对场地现状特征的活化利用。不足之处在于，对上层场地空间的利用略微单一，对下层空间的可达性设计不足，对于水岸空间的利用也显得单薄。关注地形固然重要，但也要关注场地的滨水特点。

7.6 抗战纪念性开放式公园设计

题目来源：同济大学 2016 年风景园林研究生入学考试初试真题

考试时间：3 小时

基地约 1.5 公顷，曾是抗战战场，北侧为复兴路，东侧为国庆路，西侧和南侧为粮仓。西边有保留碉堡，南侧有水塔，结构完整，东边有 3 处军械库地坪和 4 棵保留树木。

一、设计要求

①复兴路上设计一处港湾公交站，场地内部有 10 个停车位和 50 个自行车停车位。

②碉堡保留，水塔已改成景观水塔保留，原有树保留，军械库地坪至少保留一处。

③需设计一处 1500 平方米的纪念性广场以及一座 600 平方米的建筑，最多两层（可使用建筑群去结合保留物布局）。

④能对原有地形进行改造，不要求土方平衡。

⑤其他纪念性景观自行弹性设计。

二、成果要求

①总平面图，比例 1：500。

②分析图，比例自定，两张以上。

③剖立面图，比例 1：500，两张以上。

④局部设计平面图，比例 1：200。

⑤局部设计剖立面，比例自定，一张以上。

⑥表现图或透视图，数量自定。

⑦设计说明（文字清晰简洁）。

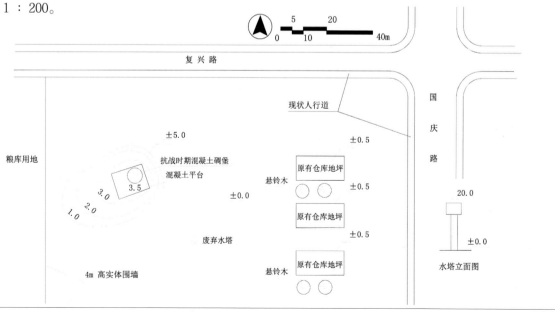

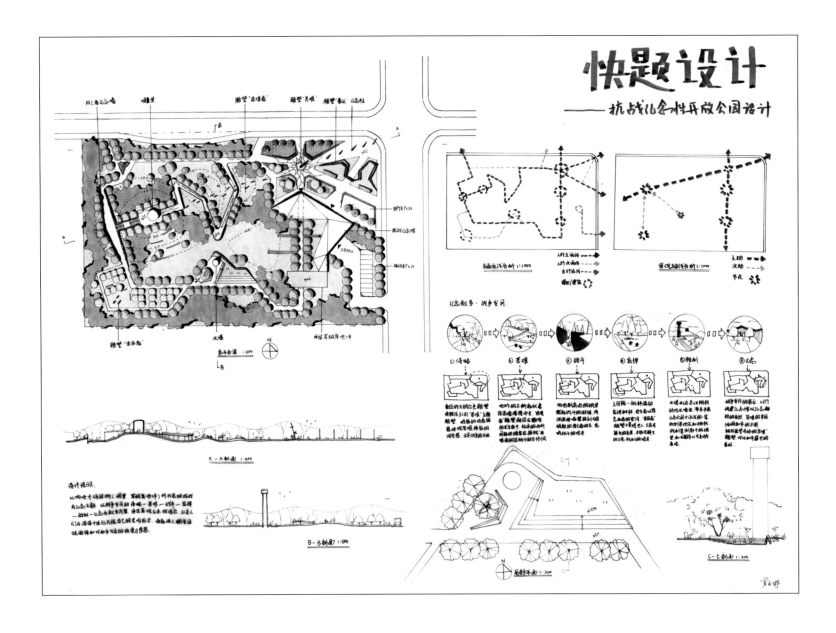

图纸信息	评语
姓名：罗玉婷	抗战纪念性开放公园设计是主题性很强的题目。该方案很好地体现了主题，从园路、建筑、广场的形式组织上，再到方案的图示表达，都体现了设计者良好的专业素养和表达能力。尤其总平面图的设计表达精准度较高，功能与景点的策划在总平面图上亦有清晰表达。不足之处在于，剖面图的比例不足以描绘空间；两张分析图尺度偏大，表达内容不足，可考虑 3 ~ 5 张序列出现；节点放大的深度需要进一步提高。该方案总体上的形态表达出了概念与意图，是较为突出的优点。
用时：6 小时	
纸张：硫酸纸	
大小：A1	

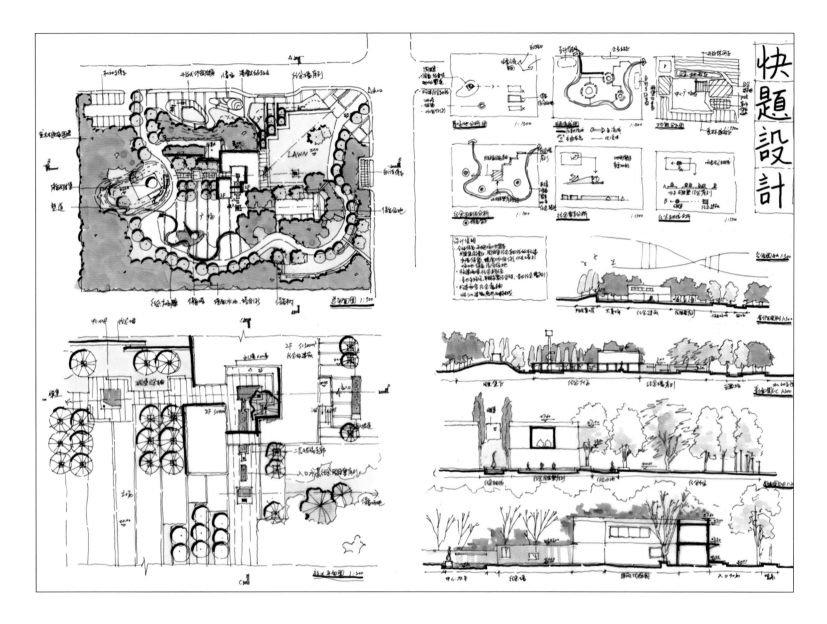

图纸信息	评语
姓名：王晓琦	方案将广场与建筑内向化设计，让保留的场地与广场、水塔形成了一定的空间序列与控制关系，保留的碉堡则与建筑的空间轴线形成互动，沿城市界面展开开放式设计，活化空间界面，整体图面井然有序，设计方案生成与现状一脉相承。剖面图尺度有一定的空间层次。不足之处在于，该布局使得建筑与停车场分离，不利于平时联动使用。港湾公交车站的位置可以更为合理，与十字路口的距离应增大些许。剖面图的空间刻画略显单薄，纪念性氛围表达不足，忽视了碉堡作为主题表达的一个重要空间要素。
用时：6 小时	
纸张：硫酸纸	
大小：A1	

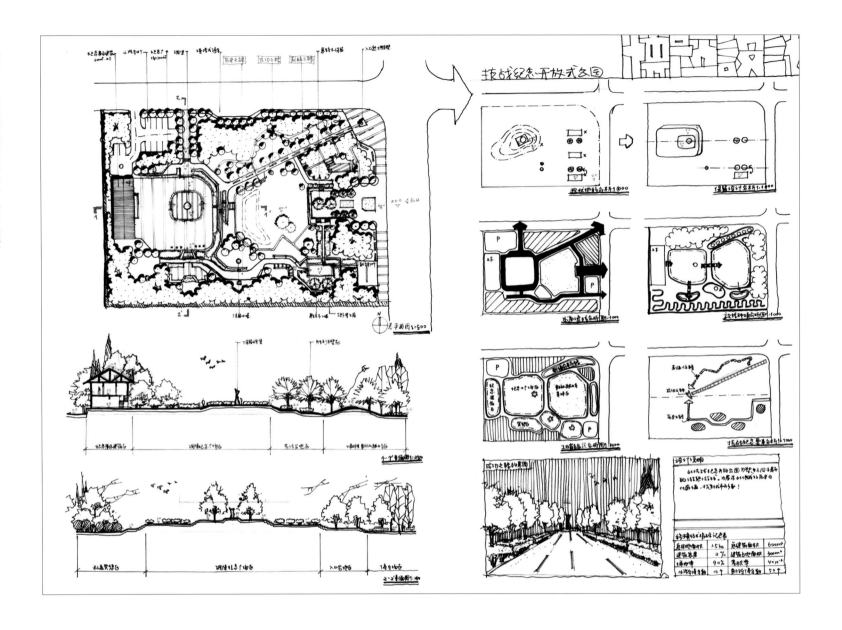

图纸信息	评语
姓名：冯璋斐	设计方案将碉堡作为纪念空间的收头，符合该场地的主题特征，广场与建筑的布置虽然内向，但是也能与外部取得较好的联系，同时停车与建筑的结合在功能动线上比较合理。方案沿东侧的主要道路也有一定展示，曲直结合的动线对比与设计主题之间形成暗合。不足之处在于，主广场的地形划分空间可再斟酌比例，港湾公交停靠站点长度略显不足。部分分析图线形宽度应控制到更合宜的状态。
用时：6 小时	
纸张：硫酸纸	
大小：A1	

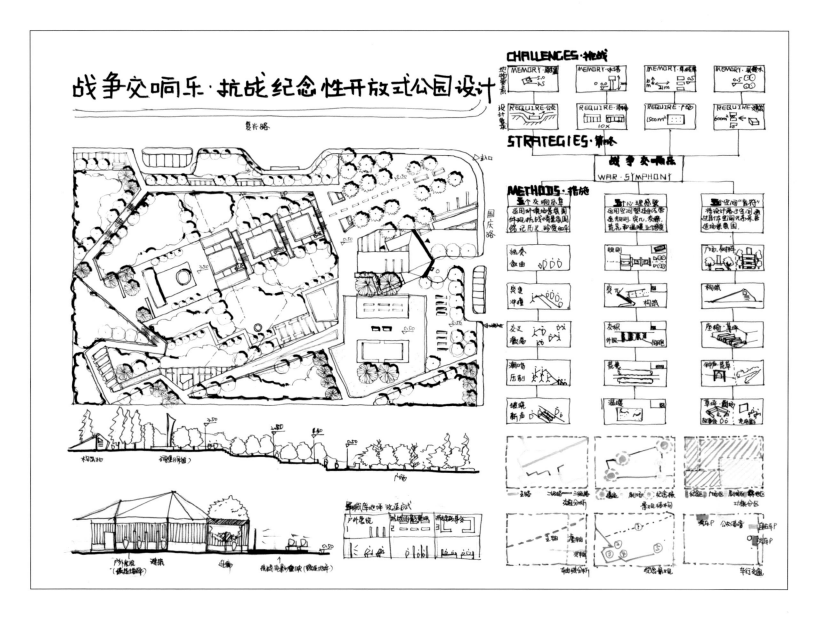

图纸信息	评语
姓名：卢佳欣	设计方案的图示表达做得较为出色，厘清了场地要素对设计方案的影响，结合命题的主题性，虽然主题概念相对传统，但不失切题。图解的表达有层次，且前后逻辑关系紧密。方案本身布局相对合理，对地物要素与空间格局关系的对应有较好的理解与表达。不足之处在于，对南侧部分贴边设计似乎没有必要，为数不多的停车设施没有必要设置两处停放区。港湾式公交停车场的尺度与宽度需要进一步斟酌尺寸。另外，可以进一步提高建筑形象的昭示性。
用时：3 小时	
纸张：硫酸纸	
大小：A1	

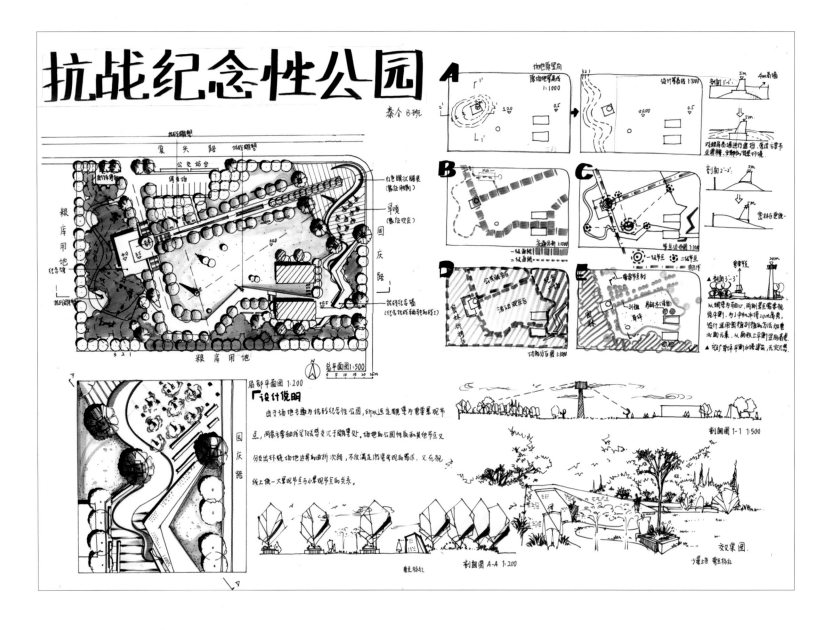

图纸信息	评语
姓名：秦令	方案设计简练大气，关注纪念性空间的视线设计，整体呈现开敞的空间特点。图纸表达整体、完整，对于景观元素的纪念性表达有独特的方法。开阔的空间面向城市，入口广场有一定艺术性表达，但主题策划要注意合理性。不足之处在于，对两个场地的利用略显单薄，建筑布局的位置可考虑与城市界面的关联；林中步道的组织可以突破主路，与草坪空间连接。主路的尺度要考虑要素的深化表达或者降低道路的宽度来匹配实际使用需求。
用时：3 小时	
纸张：硫酸纸	
大小：A1	

7.7

某金融企业园滨水景观设计

题目来源：上海交通大学 2017 年风景园林暑期学校考试真题
考试时间：3 小时

一、基地概况

该金融企业园位于江南某开发区，是以现代金融服务外包产业体系为基础，以先进的信息技术为核心，旨在构建低碳、绿色、环保、生态、和谐的金融服务业态，为金融服务及相关高端服务的产业综合功能区，主要服务上海国际金融中心和长三角地区。该园区东至娄红路、南至汇善路、西至城北路、北至基地边界，东西向长 128 ~ 260 米，南北向长 360 米，用地净面积 58000 平方米，规划总建筑面积 114000 平方米。

设计方案的基地位于金融企业园的南部，是园区内的集中绿地和滨水景观。基地总面积为 10000 平方米，北邻 2 号、4 号、5 号、6 号和 7 号建筑，其中 2 号建筑为对外服务的商业建筑；南邻城市河道陈家泾，规划河口宽度 38 米。

二、成果要求

①总平面图，比例 1 ：500。
②分析图，比例自定，两张以上。
③剖立面图，比例 1 ：500，两张以上。
④效果图两张。

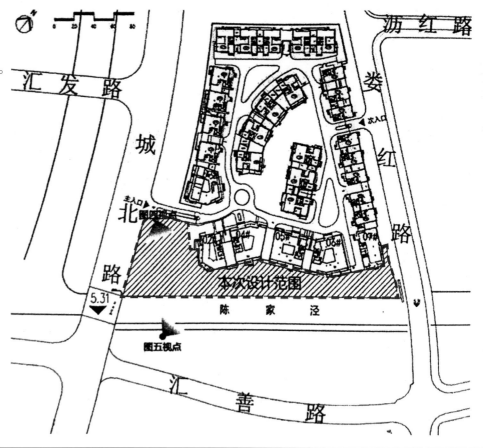

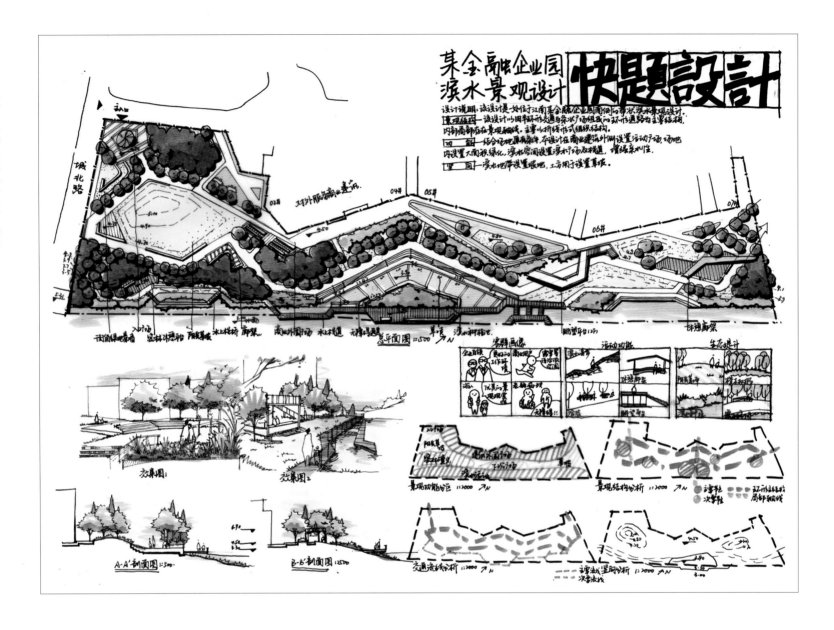

图纸信息	评语
姓名：赵雯婕	分析图选色清新美观，场地关联式的图解表达有层次、有内容，三张传统分析图略微粗放。方案本身的语言节奏感尚可，不足之处在于宽度均质，没有拉开流线的层次与类型。整体方案的疏密控制尚可，不足之处在于部分绿地草坪空间手法略显单调。考虑到了与城市水岸的高差关系，不足之处在于缺少对整体竖向关系的系统梳理。与园区内部的交通组织有很好的衔接关系，不足之处在于忽视了部分楼栋商业界面的延展。
用时：3 小时	
纸张：硫酸纸	
大小：A2	

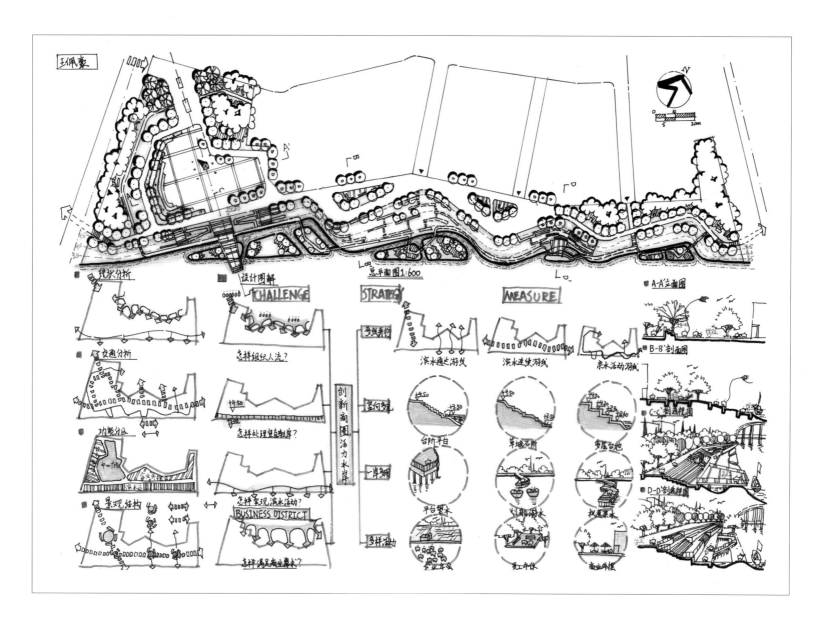

图纸信息	评语
姓名：王佩豪	大胆运用单一主题色的表达方式，让图面产生很强的节奏感和整体性，是非常讨巧、好用的一种表达方式。整体版面紧凑，收放有致，突破了常规图纸的排版方式，也有剖透视等颇有设计感的表达方式。方案本身采取了软硬质空间、生活生态逐级过渡的方式。不足之处在于，上层硬质空间的设计注重带形连续，但空间刻画不足。近水空间在城市河道梳理出诸多小岛的可行性不是太高。另外，亲水空间均呈点状散落，建议可以考虑滨水亲水游线的连续性。
用时：3小时	
纸张：硫酸纸	
大小：A2	

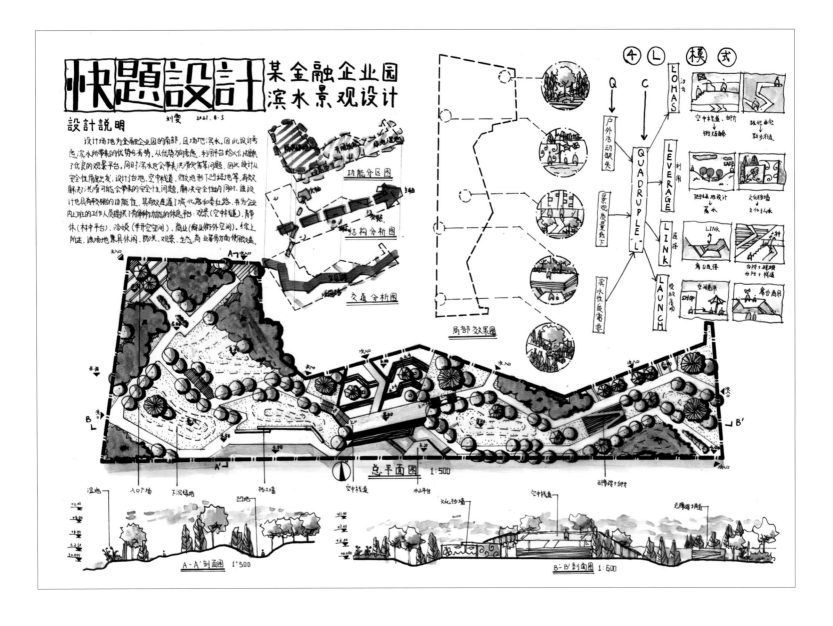

图纸信息	评语
姓名：刘雯	设计考虑了以多样竖向设计的方式提高空间的趣味性，形成了两条贯通式的滨水路径，增加了游览的层次性。图解式的主题阐释有很好的图面效果，改传统平面式分析为层叠立体式表达，也充分考虑了与园区的衔接关系。不足之处在于，两条道路的宽度与类型没有进一步区分，三张分析图的用色比例不协调，整体图面的种植关系未能与方案形成很好的呼应，部分竖向设计过于烦琐。上策为结合既有地形进行改造与设计。
用时：3 小时	
纸张：硫酸纸	
大小：A2	

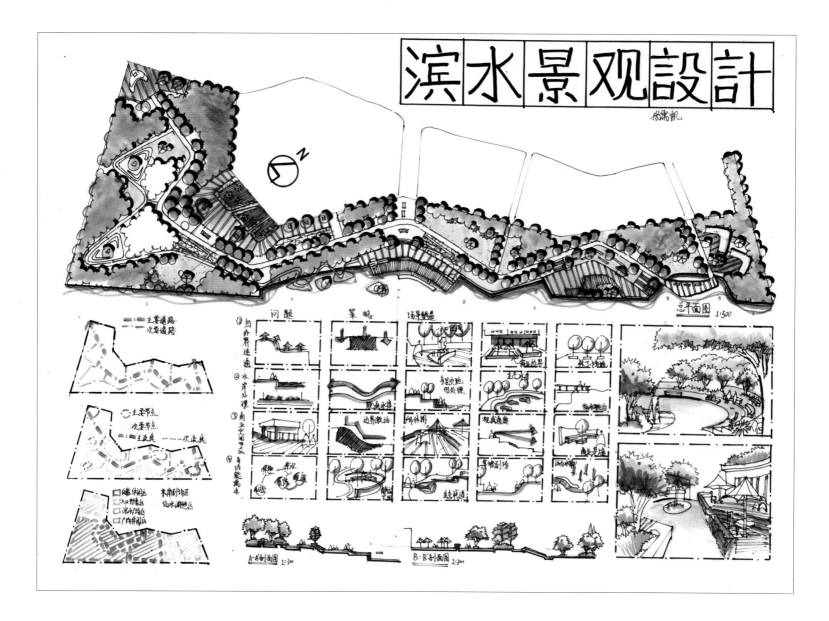

图纸信息	评语
姓名：张儒凯	这是一张版面饱满、表达完整的设计图纸。设计者对园区空间的理解与设计有较好的判断和应对，对于水岸高差的调整有一定的思考与表达，对于园区对外商业空间的衔接在空间上有所回应。不足之处在于，整体用色不够雅致，对于活动空间表达的手法过于单一，缺少多元素组合空间的手法，滨水空间的两处大广场尤显单调，剖面图表达缺少空间参照物，透视也存在此问题。总平面图的种植设计有疏密，但过渡不足，显得泾渭分明。
用时：3 小时	
纸张：硫酸纸	
大小：A2	

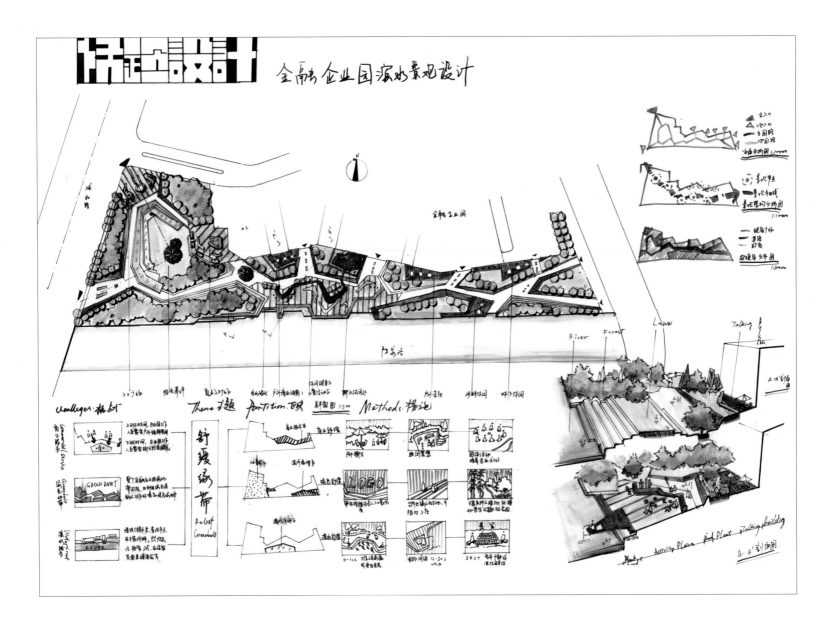

图纸信息	评语
姓名：温雯	图面设计感很强，大胆运用折线语言来控制鱼骨状路网，向北联系园区，向南直达滨水，是语言形式和元素组织统一表达的较好案例。分析图表达张弛有度，概念意图与设计现状紧密结合，剖透视图的表达更显生动直观。不足之处在于，园区东侧的休闲空间与建筑的关系未分清类型，滨水空间的连续性不强，种植设计与整体的空间呼应性也较弱。整体上是不错的设计方案，虽然有借鉴参考的影子，但也有一定活学活用的思路运用在其间。
用时：3 小时	
纸张：硫酸纸	
大小：A2	

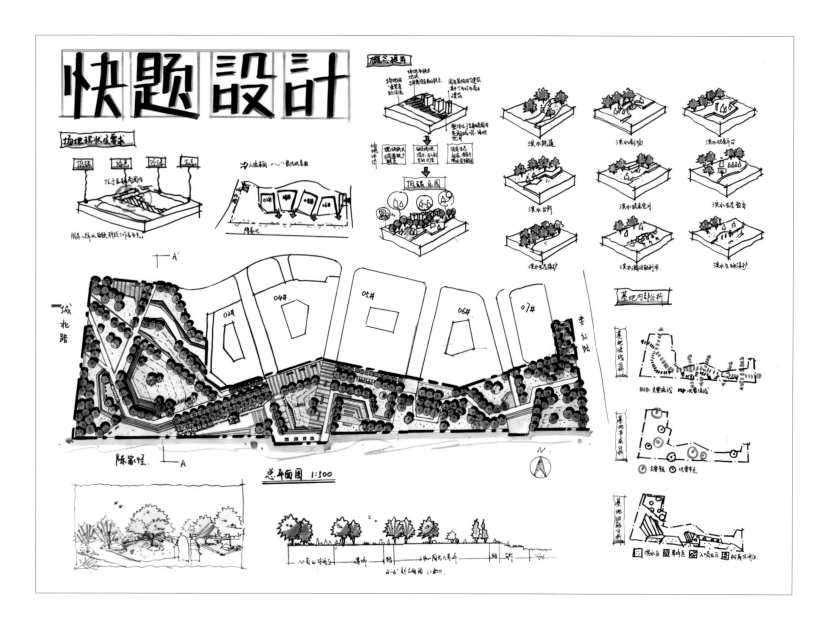

快题设计

图纸信息	评语
姓名：李佳慧 用时：3 小时 纸张：硫酸纸 大小：A2	这是一个版面控制较好的设计方案，设计语言统一且有变化，与园区空间的衔接显得自然顺畅，设计者突出了模式化表达带形活动空间的类型，符合场地表达的需求。整体用色以清雅绿色为主基调。近水处活动空间可观水也可亲水。不足之处在于，滨水空间的亲水设计不够连续，平面种植的部分区域可考虑加密种植以做到对不利空间进行分割，部分活动空间的刻画应加强景观要素的表达。透视图与剖面图的表现力不足，未能描绘较好的空间场景体验和丰富的竖向层次体验。

7.8 社区微空间更新设计方案

题目来源：同济大学 2016 年风景园林暑期学校考试真题
考试时间：3 小时

一、背景简介

基地位于长江中下游地区某大城市某社区入口北侧，在新一轮城市更新中，该基地被确定为试点项目，拟改建为社区休闲广场。

基地现状为街道企业厂房，已经停工，厂区多为简易建筑，现为临时仓库，拟予以拆迁。基地内有数珠栽于 20 世纪 50 年代的国槐与香樟，北侧和菜场之间的空地上各种车辆杂乱停放，垃圾遍地，居民意见较大。

二、设计要求

将自己定位为社区空间微更新的设计师，立足场地可能具有的服务功能，发现场地需要解决的关键问题，列举并进行排序，对排名前三位的问题有针对性地提出解决方案。设计的草案 2 小时之后将直接作为社区公示内容之一。

三、成果具体要求

① 1 份分析图。以图示的形式简要说明设计理念、针对具体问题和解决策略的概要表达（比例、大小不限）。

② 1 张总平面图（比例 1：200）。

③ 1 张透视图。

④ 能表达出对排名第一的问题的解决方案（大小不限、角度不限）。

以上成果合理地组织在一张 A2（594 mm×420 mm）的图纸上，并要求不得超过 A2 图纸范围。

图纸姓名所写位置，以现场老师要求为准。

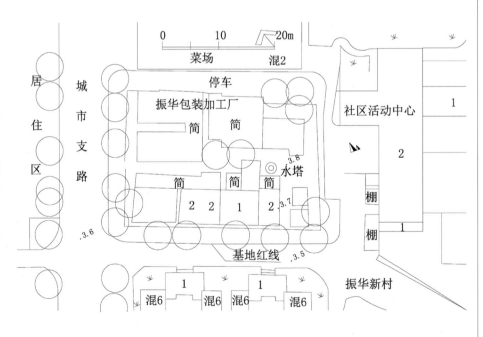

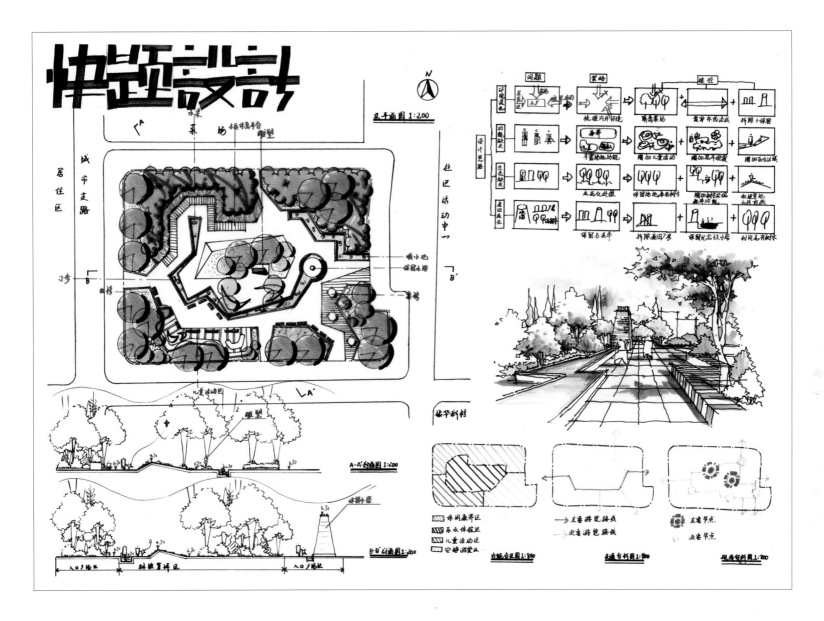

图纸信息	评语
姓名：齐艺璇	这是一个比较有亲和力的小公园方案，考虑到了北侧菜场对环境的影响，在设计上有所表达与回应。中部围绕保留的水塔构建了富有艺术感的微地形空间，塑造整体的活动中心。场地由一圈连续的步道形成放射状的路网，充分利用边界空间塑造不同人群的活动空间。不足之处在于，作为老旧小区空间的改造设计，需要考虑后期的维护成本，过多运用人工水景不经济。分析图大小与色彩明暗控制不够精细，右上矩阵略显深重，右下分析图略显清淡，透视图的篇幅则略显大。
用时：3 小时	
纸张：硫酸纸	
大小：A2	

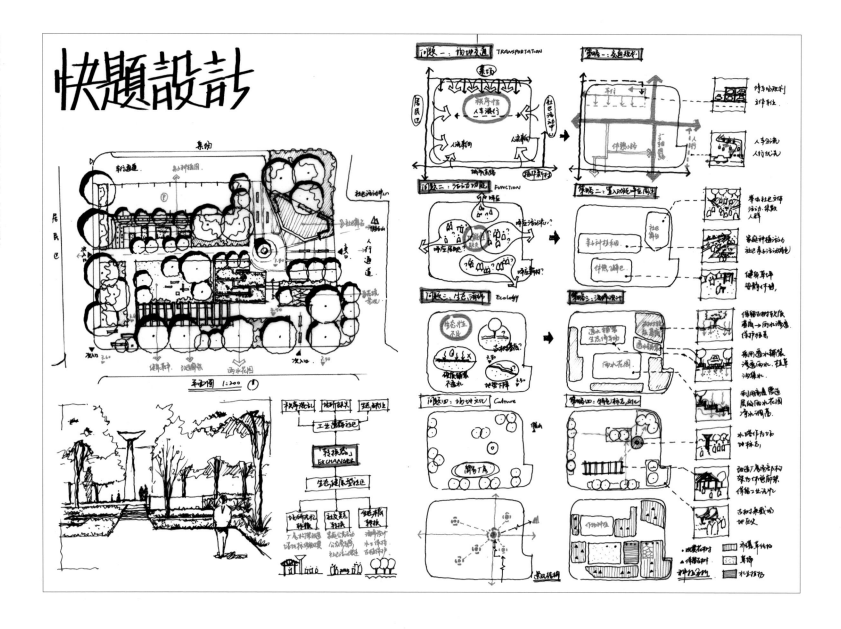

图纸信息	评语
姓名：汤雯蕙	该方案比题目要求做得更进一步，不仅解决了要求的三大问题，还扩展了两条流线的思考设计。总平面图的设计相对细腻，以保留要素作为空间流线组织的焦点，整体流线清晰。分析图的表达层次分明，逻辑清晰，既有问题的概括与梳理，也有设计策略的技术回应与措施。透视图的表达则显得不如总平面图的表达空间感强，设置了大量机动车停车位与题意有悖，有足够的差异化小空间，但缺少开敞的公共性活动空间。
用时：3小时	
纸张：硫酸纸	
大小：A2	

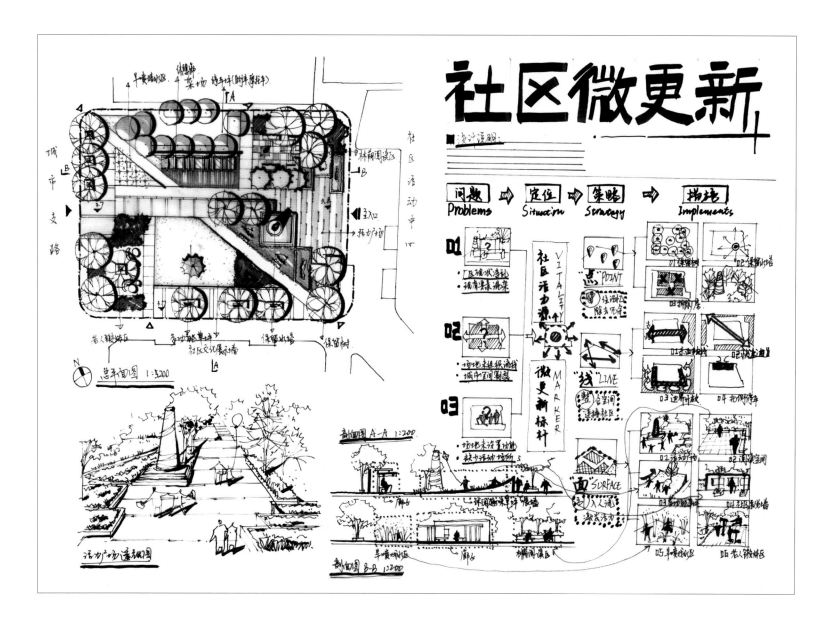

图纸信息	评语
姓名：陈雪纯	这是一个相对清晰且疏密有致的方案，形式秩序清晰，现状要素的保留和利用准确、明了。向东打开的广场与社区活动中心形成很好的呼应，绘图风格有自己的特点，对方案的定位也有自己的判断与应对，以点线面的空间要素构成来回应更新场地比较合宜。不足之处在于，对北侧菜场空间的理解题不够清楚，忽视了社区与菜场之间的交通空间需求。另外，整个方案对于北侧不合理要素未能强烈表达和回应，部分分析图纸绘制略微粗放。
用时：3 小时	
纸张：硫酸纸	
大小：A2	

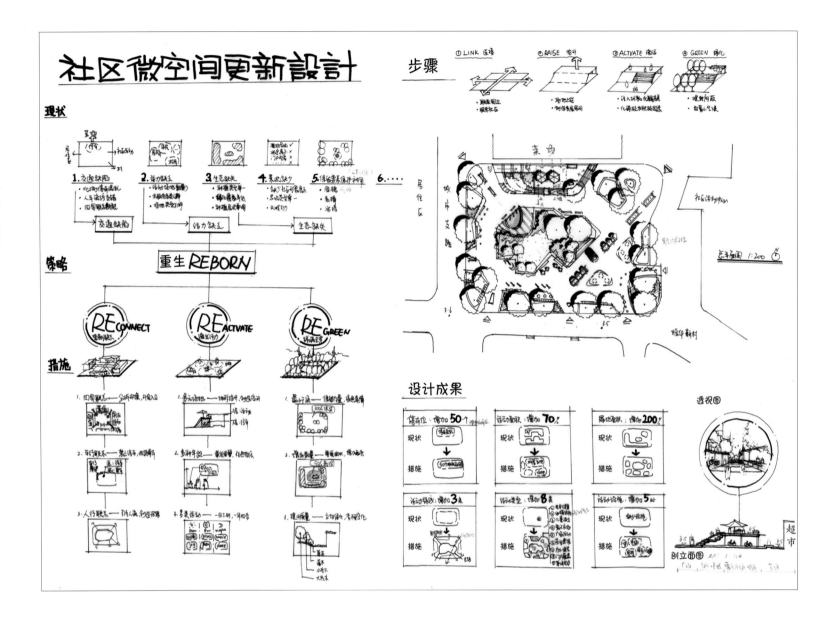

图纸信息	评语
姓名：梁竞	这是一张疏密有致、层次清晰的设计图纸。方案本身采取了周边活动中心观景的空间模式，较为实用也符合该场地的尺度规模。以"重生"作为整体设计方案的策略线索非常符合更新类场地的主题，并从交通、活动、生态三个维度展开演绎，图纸表达清新、有层次。字体的选择也层次分明。对周边空间的理解总体比较合宜，不足之处在于表达还不够准确，尤其是东侧与北侧的设计不够准确。总体还是非常不错的设计成果。
用时：3 小时	
纸张：硫酸纸	
大小：A2	

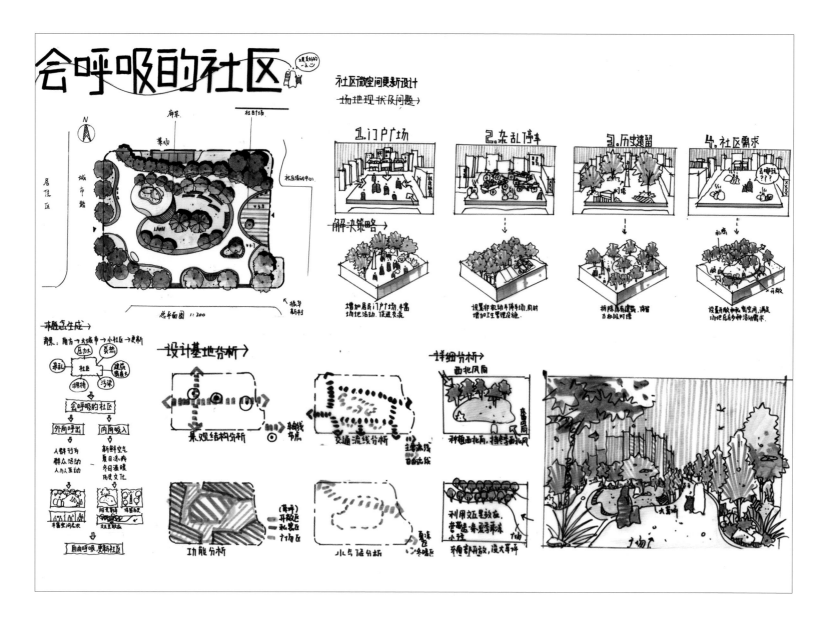

图纸信息	评语
姓名：李佳慧	这是一个以自由曲线为设计语言的方案，图纸用色清雅，版面整齐，层次分明，是较好的快题方案。以拟人化的主题作为方案的起点，提出了人性化的设计意图，建立了意图与问题并重的表达方式。设计采用了空间化的模块表达方式，直观、生动地展示了设计意图，小透视的表达也颇有艺术感。不足之处在于，总平面图对北侧的要素未描绘，进而无法判断停车是否合理；部分港湾式空间的表达不够生动，缺少元素的刻画来反映使用功能。另外，可以加强概念与问题的关联性。
用时：3 小时	
纸张：硫酸纸	
大小：A2	

7.9

城市公园设计

题目来源：不详
考试时间：6 小时

设计成果要求如下。

规划设计分析图，包括区位分析、功能结构、空间结构、园路交通结构、种植设计分析、竖向设计等。

①总平面图（比例1：500），图纸应标明用地方位和图纸比例、用地性质、建筑层数及性质、道路及中心线、植被配置（应区分乔木、灌木、花卉和草坪等）、竖向设计以及铺地方式等。

②总体纵断面图、横断面图（比例1：200，可局部重点表现），图纸应标明比例、建筑或小品、地形、断面标高以及绿化配置等。

③建筑或小品、地形、标高及绿化配置等图纸（比例1：50或1：20）应标明比例、主要材料、主要结构以及环境配景。

④整体鸟瞰图（要求每边尺寸不小于594mm），局部透视图若干，表现形式自定。

注：图纸尺寸均为（A1）841 mm × 594 mm。

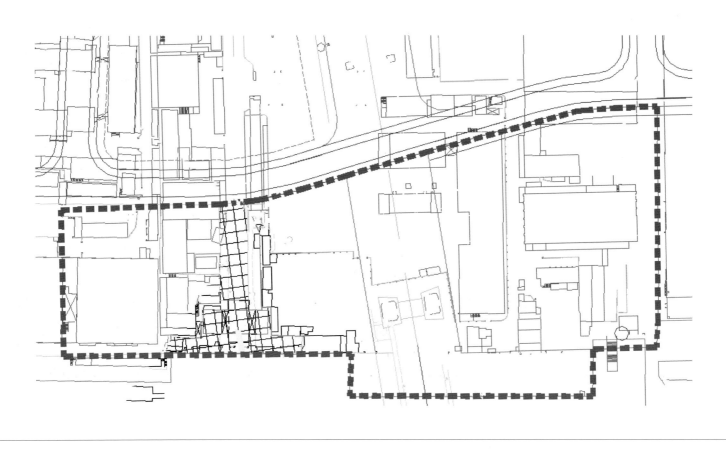

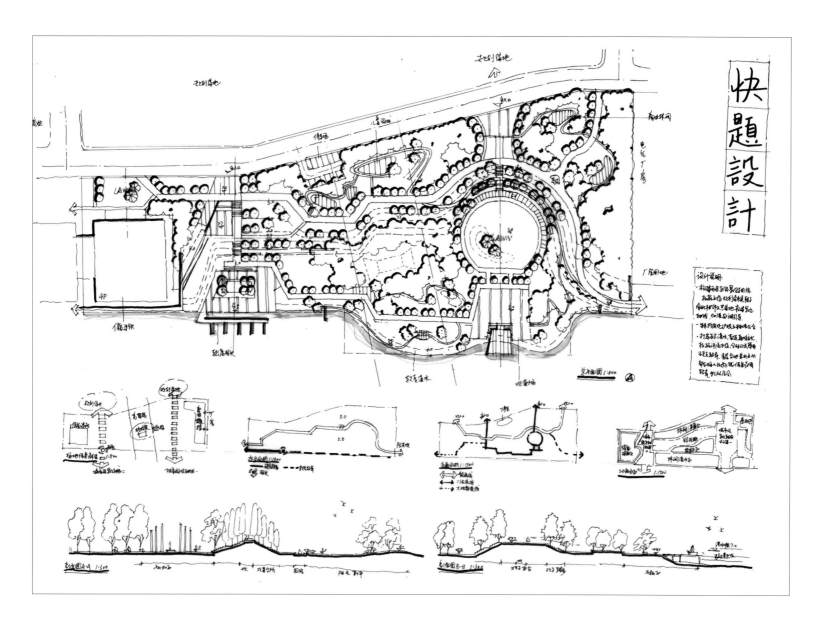

图纸信息	评语
姓名：王晓琦	设计方案结构清晰、等级明确，形成了两条通道与空间轴线，加强了城市与滨水空间的连接，顺江方向也考虑了高低两类步道，整体场地的竖向与水文关系考虑比较周到，做到了安全与亲水兼顾。剖面图表达了城水之间该有的空间关系，空间视线也强调了与滨江的关系。不足之处在于，缺少空间场景的图纸表达，整体版面控制略显松散，滨江空间的自然线形与既有水岸的呼应稍弱，对于现状建筑的改造再利用缺少利用构想。
用时：3 小时	
纸张：硫酸纸	
大小：A1	

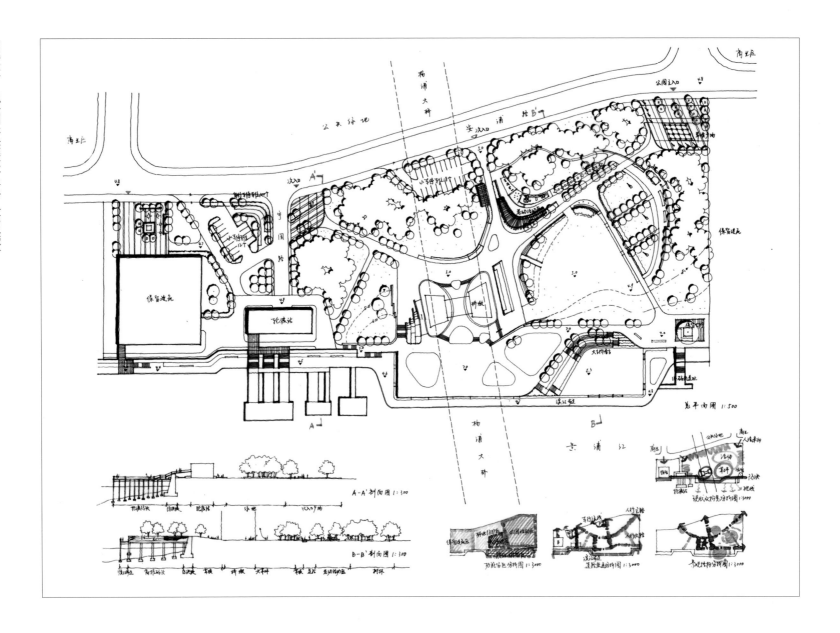

图纸信息	评语
姓名：吴怡婧	这是一张场地梳理非常扎实的设计方案，考虑了建筑的场地设计与公园绿地的关系，也考虑了滨水带状空间应有的空间状态。富有设计感的折线语言对整体的形态把控起了很好的作用。设计者很好地理解了空间体验的来源，对于边界空间的设计有自己的认识，划分后的场地形成了功能各异的空间类型，竖向设计细腻精致，是很好的设计方案。不足之处在于，分析图的表达略显单薄，缺少空间描绘的场景图纸，剖面图未能强调场地与水岸的安全防护关系，对于亲水尺度的拿捏略显保守。
用时：3 小时	
纸张：硫酸纸	
大小：A1	

7.10

上海四川北路公园设计

题目来源：不详

考试时间：6 小时

一、基地概况

项目基地位于上海市虹口区，西起四川北路、东至东宝兴路、北邻邢家桥路、南接虹江支路南侧规划道路，占地面积 4.24 公顷。拟在基地规划设计一处城市开放公共绿地，满足市民和周边不同人群使用的需求，同时成为城市中环境优美的绿心，达到功能与形式的完美结合。

二、设计要求

①总平面图，比例 1：500。

②鸟瞰图一张，比例自定。

③分析图若干张。

④设计说明不少于 100 字。

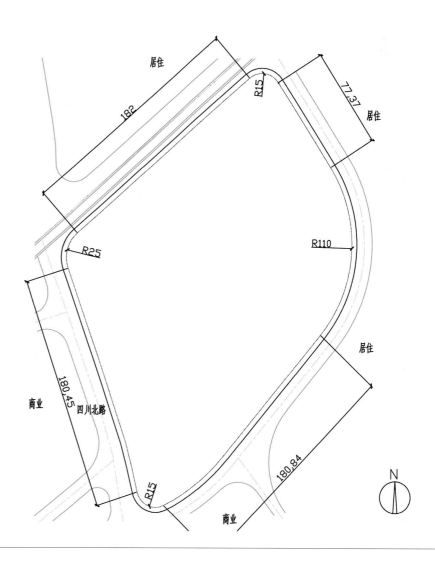

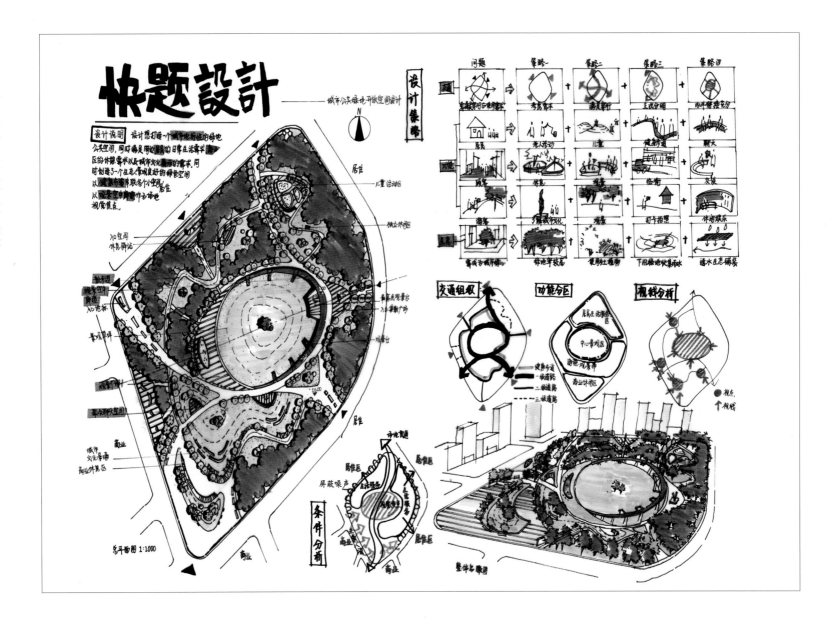

图纸信息	评语
姓名：王志茹	这是一个外静内动的设计方案，有很强的中心感，考虑了周边商业功能、居住功能与场地的互动关系。设计策略以平面分析、空间描绘组合的方式形成一系列的设计思路，是比较好的表达方式。版面整体效果完整，组群清晰。不足之处在于，方案本身对于具体活动空间差异化设计的表达不足，使得次级空间的功能类型略显雷同，中心空间过于空洞，可考虑通过边界差异来提高丰富性，鸟瞰图的视角选择弱化了场地自身的形状特点，缺失黑、白、灰、中黑的表达，显得立体感不足。
用时：3小时	
纸张：硫酸纸	
大小：A2	

7.11

宿舍区广场改造设计

题目来源：同济大学 2020 年风景园林研究生入学考试复试真题
考试时间：3 小时

一、任务背景

基地为某校园宿舍组团中一处闲置场地，地势平坦，面积约 1500 平方米。场地虚线范围内改造为一处小型休憩广场，供学生日常使用。

二、设计要求

①改造后绿化面积不得超过 30%；②保留原有 3 棵乔木；③设计休闲座椅设施若干（可以集中布置也可以分散布置）；④明确表达出广场地面的铺装；⑤不得做下沉或堆坡地形。

三、成果要求

①总平面图，比例 1 ：500（A4 纸尺寸，表达虚线范围内的场地即可）。
②总平面图表达需要区分硬质铺装与绿化场地。
③必要的文字标注信息。

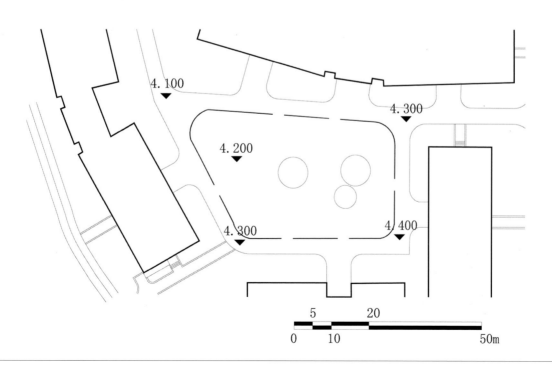

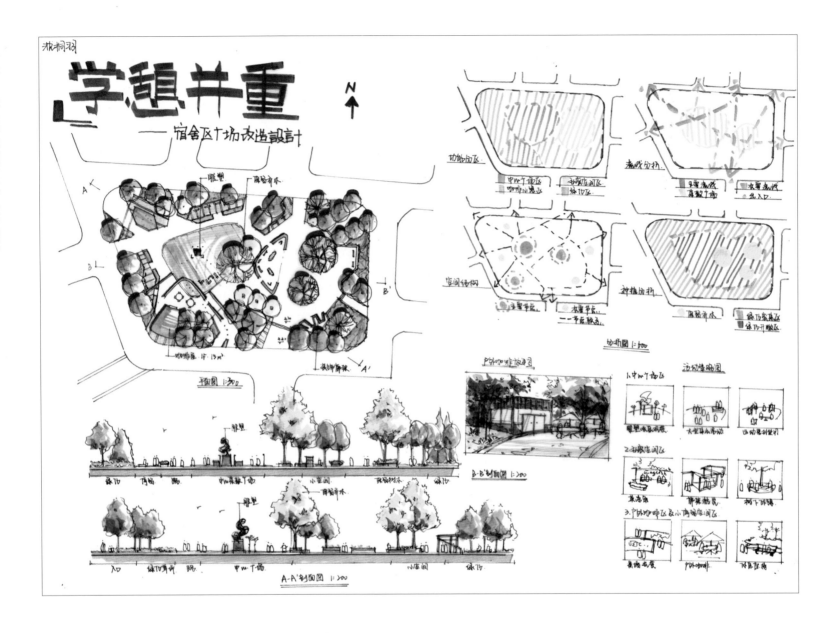

图纸信息	评语
姓名：沈桐羽	"学憩并重"作为校园绿地的设计主题，符合场地的特点与需求。图纸版面整体相对完整饱满，设计方案采用中心式的布局方式，周边的斑块状绿地限定了相对合理的交通流线，利用边界空间营造了停留性的空间。图纸的色彩选择统一、清爽。不足之处在于，出入口的等级与场地外环境的呼应不足，部分商业功能布置最好能结合主要人流动线布置，版面中透视图的位置略显逼仄，与剖面图之间可以进一步协调以取得更好的关系。
用时：3小时	
纸张：硫酸纸	
大小：A2	

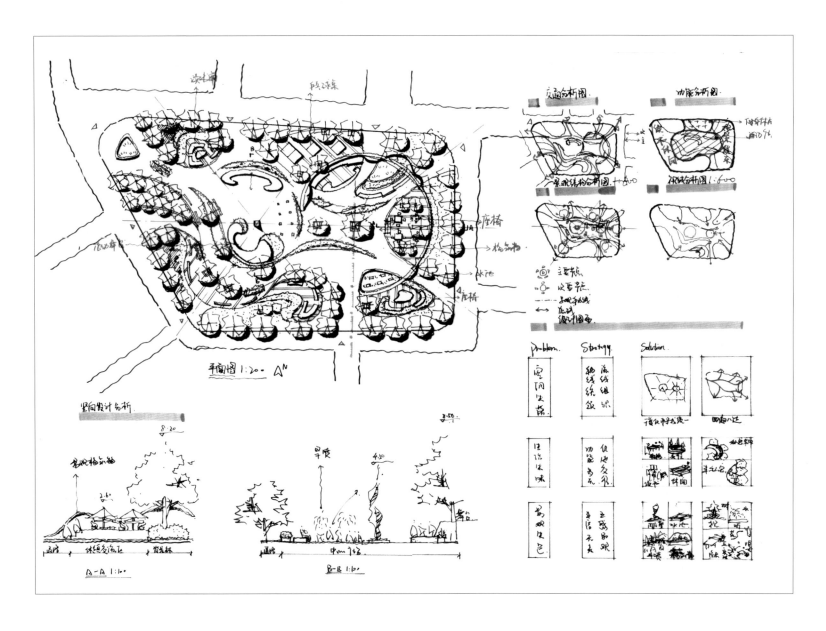

图纸信息	评语
作者：吴清龙	设计者对设计形式有自己的追求，基底流线组织绿地板块有较强的自然秩序感，出入口的设置与周边的空间产生了准确的呼应关系。图纸版面整体相对饱满，有一定的疏密感。整体用色谨慎，但部分分析图线条杂乱，不够简练清晰；概念阐释图纸图文并茂程度不足，可增加类型并深入解析设计思想；两张剖面图表达还不够生动，部分空间限定要素的形态过于自我，忽视了与周边流线的关系；对左下区域的版面控制也有不足；另外，缺少标题与主题的阐释。
用时：3 小时	
纸张：硫酸纸	
大小：A2	

7.12 某市民广场规划设计

题目来源：苏州科技大学 2012 年风景园林研究生入学考试初试试题
考试时间：6 小时

一、基地条件

基地位于苏南某城市文化中心，地理位置十分显著。总面积约 2.6 公顷，东、南面紧邻城市道路，东部道路一侧为展览馆、科技中心，南部道路一侧为居住区，北部为少年儿童图书馆，西部为学校。基地地势平坦，西部有香樟等古树需保留，见基地附图。

通过规划设计，为广大市民提供一个集休闲、娱乐、运动、观演、交流为一体的综合性市民广场。

二、规划设计要求

①规划方案应布局合理，结构清晰，方案应考虑周边环境特点，并能充分尊重与利用自然环境。
②综合布置绿地、铺装、小品等设施，要求功能分区明确、交通组织合理、环境美观舒适。
③基地中原有树木应保留并合理利用。

三、设计成果要求

①图纸尺寸为标准 A1（841mm×594mm）大小。
②总平面图（比例 1∶500）。
③规划分析图（包括功能分区、交通结构等）。
④总体剖立面图（1 张或 2 张）。
⑤主要节点详细设计。
⑥总体鸟瞰图。
⑦简要文字说明（不超过 200 字）。
⑧经济技术指标。

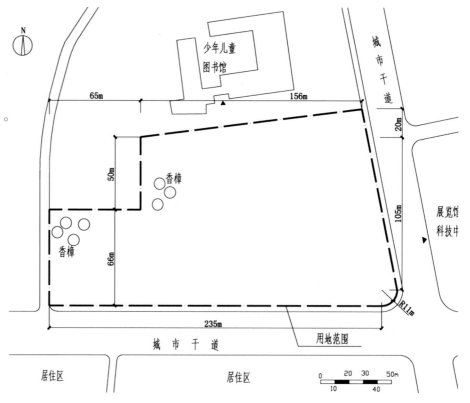

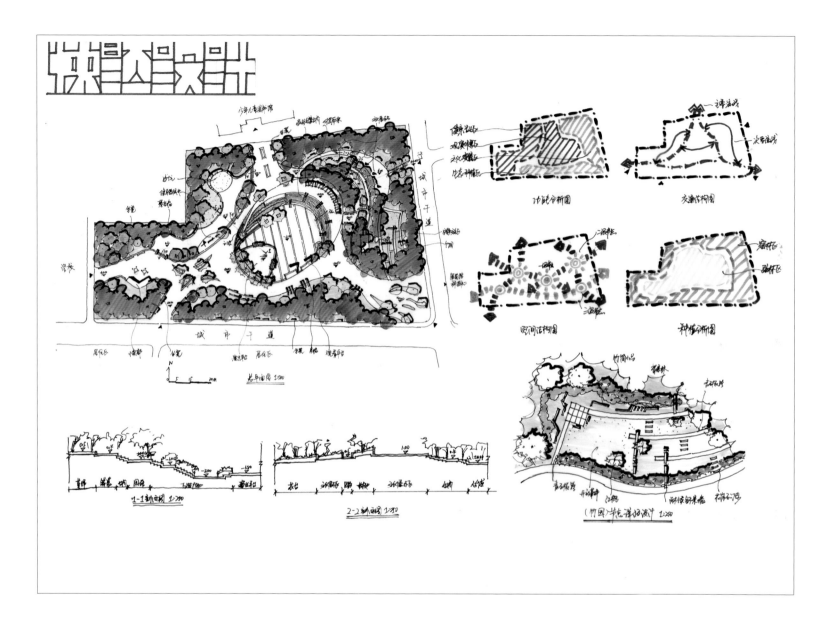

图纸信息	评语
姓名：周淑宁	这是一个较为不错的方案，整体的广场流线趋于合理，软硬质比例也符合广场的特征。竖向设计是方案的亮点，利用中心广场的下沉，合理考虑周边竖向设计，以舞台、休憩台阶、水景等要素来丰富广场功能，在保证完整性的前提下充分利用边界空间。在开放广场空间以外的绿地空间内适度辅以主题功能空间，种植表达也利用色彩的明暗关系突出了设计的焦点，植物从树形、色彩、组合等方面起到点缀作用。分析图表达相对清楚，但剖面图的表达略微薄弱，需要增加空间特征的趣味性表达。
用时：6 小时	
纸张：硫酸纸	
大小：A1	

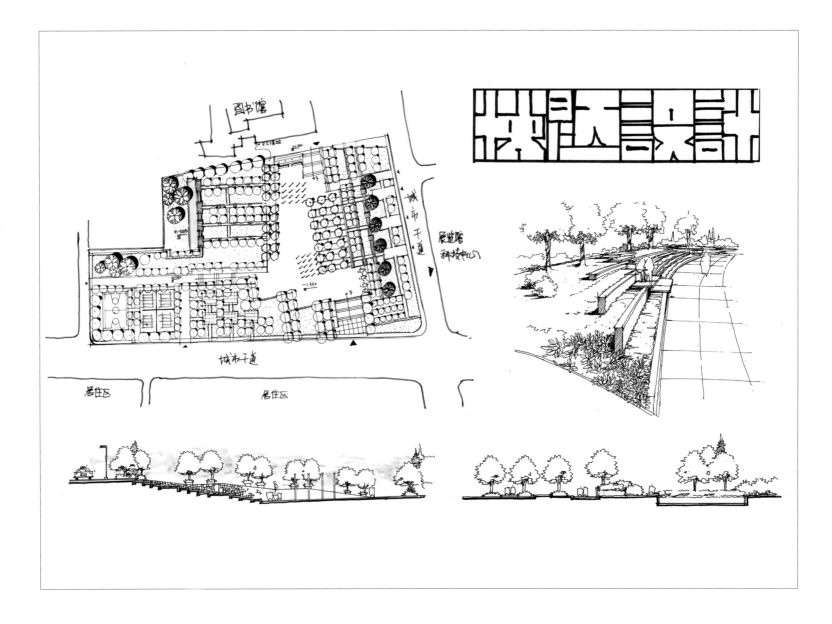

图纸信息	评语
姓名：陈杨 用时：6 小时 纸张：硫酸纸 大小：A1	该方案是构成感较强的广场设计，是较佳的方案。非规整场地的广场在设计上抛弃了传统整形切入的设计手法，采用与场地关系更强的线条组合设计，设计手法较之整形设计更有难度。该方案的手法纯熟，很好地融入了场地的特征，空间构成疏密有致，坡道台阶、水景、草坡充分结合下沉广场设计。这也是一个比较准确的设计方案，采用极简的线条反映空间的设计重心，植物也以不同深度的绘制形式来突出与空间的关系。功能上有私密空间、运动空间、集会空间、观演空间等，剖面图的绘制略微夸张地反映竖向设计，在快速设计表达上不失为一个讨巧的做法。保留树木的绘制也清晰明了，同时存在一定的观赏空间。

7.13 某滨水开放性公共绿地规划设计

题目来源：南京农业大学 2018 年风景园林研究生入学考试初试真题

时间：3 小时

一、基地条件

基地为华东某城市滨水绿地，面积约为 1.6 公顷。基地东侧为古老的城市商业区，南邻城市主干道，宽度为 35 米。基地内有 6 棵古银杏树，河道常水位 25 米，汛期水位 26.8 米。

二、设计要求

20 个机动车停车位，一个自行车停车场，200m² 公共服务建筑，一个城市文化雕塑，主题自定。

三、图纸要求

构思分析图、一张鸟瞰图或者两张效果图、平面图、设计说明、两张剖面图（要求其中一张为东西方向整体剖面图）。

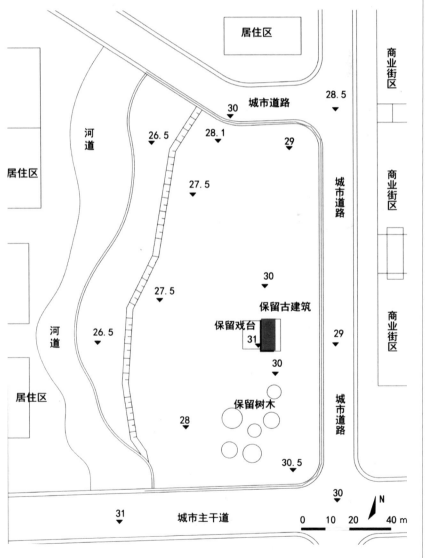

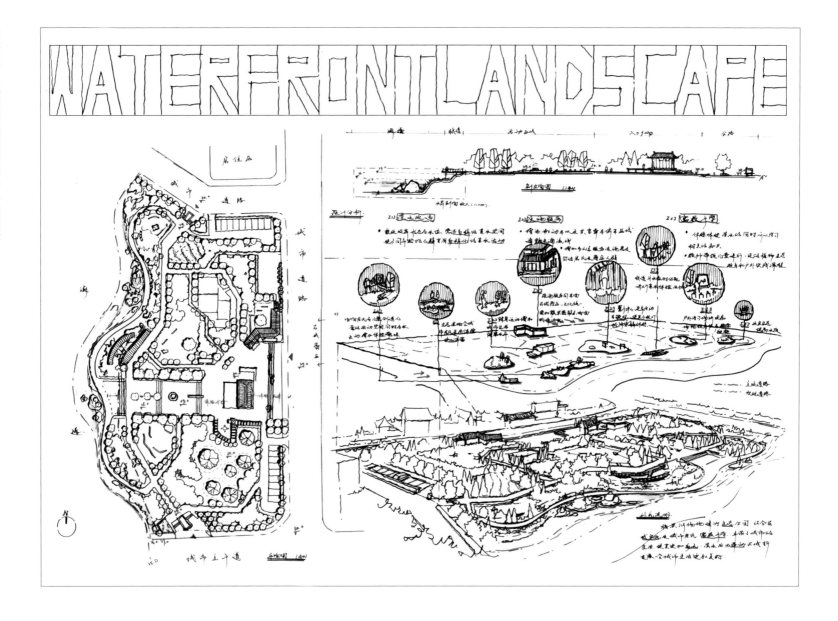

图纸信息	评语
姓名：杨珂	设计表达突破了一般的图示方法，将景点与空间意象结合起来，图文并茂的方式让图纸感染力增强。方案本身对水岸空间的改造强调了活动性，对现有戏台的保留与展示在设计上予以考虑。整体版面饱满有层次。不足之处在于，停车场的布置分两处，没有必要；出入口设置不符合规范，也不符合场地现状，而且部分出入口设置未能反映出场地与道路的竖向关系；部分设施的表达深度不够，如球场等。整体方案构思需要更具在地性。
用时：3 小时	
纸张：硫酸纸	
大小：A1	

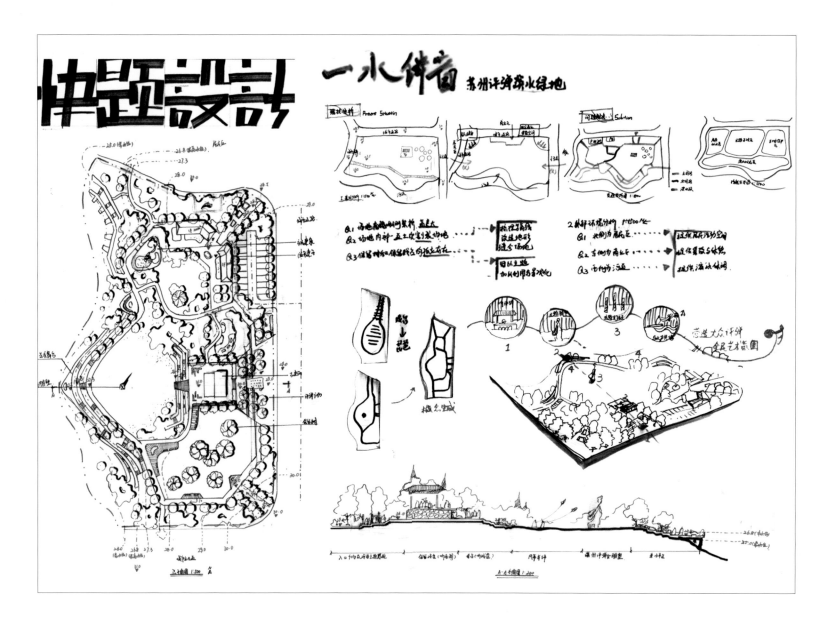

图纸信息	评语
姓名：邹可人	方案总体布局合理，新旧建筑分两处布置，新建筑设置与停车、入口空间结合，北侧突出活动空间的活力，南侧突出保留银杏的观赏性，中心则以戏台形成整体的空间序列。流线设计上考虑了不同水位对设计的影响，保证了洪水位交通不受影响，并且亲水空间不受影响。不足之处在于，分析图的绘制过于潦草，看不清逻辑与意图，鸟瞰图也显得潦草；自行车停车场的位置布局既不好用，也与场地关系相悖；音乐主题未尝不可，但是其演绎略单薄。
用时：3 小时	
纸张：硫酸纸	
大小：A1	

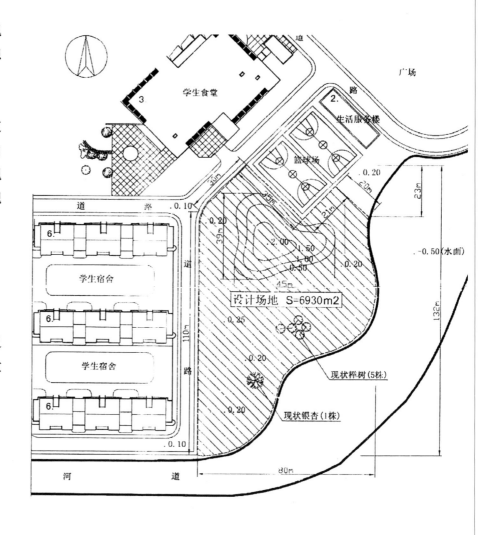

7.14　某校园生活区游憩绿地设计

题目来源：南京农业大学 2012 年风景园林研究生入学考试初试真题
考试时间：3 小时

一、设计题目

基地为某校园生活区游憩绿地。设计场地如下图所示，图中斜线部分为设计范围，总面积 6930 平方米，标注尺寸单位为米。设计场地具有一定特殊地形和少量现状树木，场地邻近河道（水深约 1.5 米），土壤中型，土质良好。

二、设计要求

请根据所给设计场地的环境位置和面积规模，完成方案设计任务，要求具有一定的游憩功能，场地所处区域大环境由考生假设自定。

具体设计内容包括场地分析、空间布局、竖向设计、种植设计、主要景观小品设计、道路与铺地设计，以及简要的文字说明。文字内容包括场地概况、设计构思、空间特点、景观特色、主要材料（含植物）应用等。设计表现方法不限。

三、图纸规格与内容

①图纸规格：A2 图纸，比例自定。

②图纸内容：平面图（标注主要景观小品、植物、设施名称等）、立面图、剖面图（能反映竖向变化）、鸟瞰图或局部主要景观透视效果图（不少于 3 幅）。

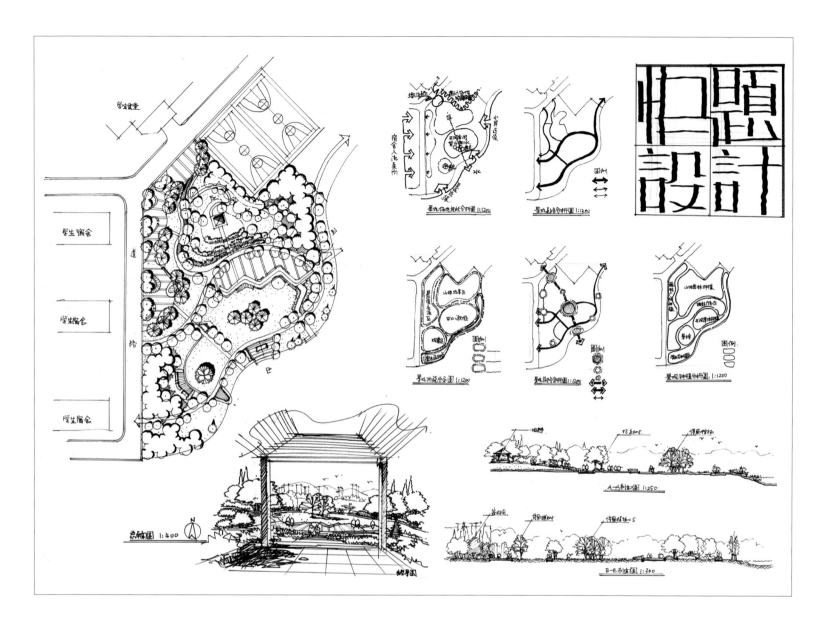

图纸信息	评语
姓名：谭楚	设计者对环境理解准确，设计回应合理，考虑到了水岸空间、校园空间的特点，对校园中的宿舍区、服务区在设计中都有一定的回应。对于场地内的保留地形和植被，在设计上加以很好的利用，做到了成景、活化。场地分析图也很好地阐释了设计者对场地的理解与意图。分析图完成了基本流线的研究与构思。剖面图相对准确地反映了场地的纵向空间关系。透视图视点选择相对合理，但绘制难度较大，可以选择更易于表达的视角和内容。
用时：6 小时	
纸张：白纸	
大小：A1	

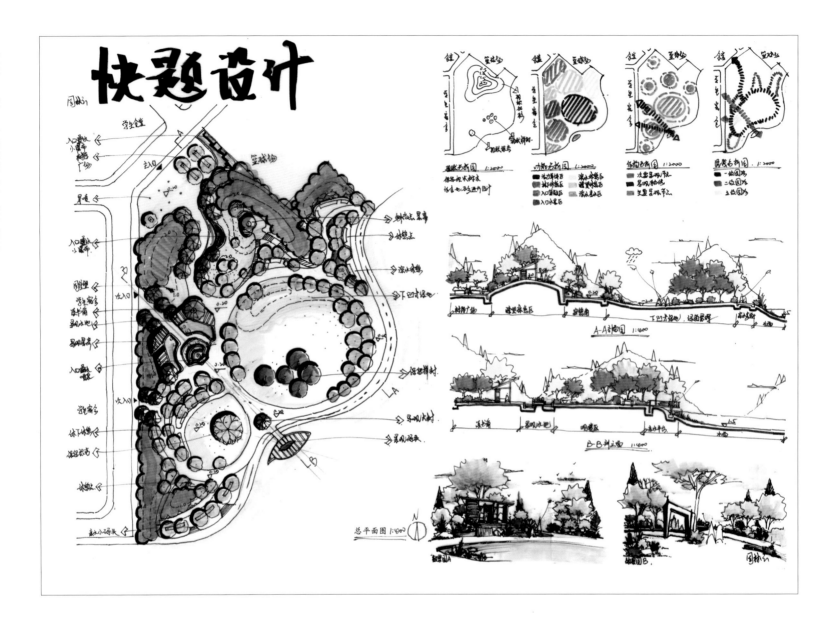

图纸信息	评语
姓名：周林云	空间疏密控制较好地强调内向安静的设计方案，对水岸空间实现了景观视线的延展与显化，利用地形强化了视线关系，构建起从校园到滨水空间的可达通道，这些通道或直或曲。以绿地为主要活动空间的设计方式，同样重视现状要素对设计方案的影响。不足之处在于，滨水道路的设置缺少水岸缓冲空间，致使水岸只能垂直存在；第一张剖面图的高度过分夸张。
用时：3 小时	
纸张：硫酸纸	
大小：A2	

7.15

南方某广场改造设计

题目来源：苏州大学 2018 年风景园林研究生入学考试初试真题

考试时间：3 小时

一、基地条件

场地位于南方某省，是当地重要的文化广场。场地尺寸如下图所示，近似一个直角三角形，在场地东北角有一个地铁出入口，在地下 5 米处。此外，场地中还有一处大型雕塑，建议保留。场地周边用地主要是商业区与住宅区，西南侧为城市干道，北侧、东侧为次干道，地铁站附近人流量巨大，共享单车停放无序。

二、设计要求

①在场地中规划一处 1000 平方米以上的展览馆，建议做地下建筑，建筑平立剖不要求，只用画出建筑外轮廓（地下部分用虚线表示），标注出入口。

②规划一处咖啡馆，面积在 200～300 平方米，要求配置足够的户外休息空间，平立剖不要求。

③规划至少一处共享单车停车场，停放数量和位置自定。

④要求规划一处至少可容纳 100 人的户外剧场，须配备阶梯形看台。

⑤规划设计后，广场、建筑、地铁站出入口、看台等需要成为一个整体。

三、图纸要求

①平面图，比例自定。

②鸟瞰图，需表达清楚场地竖向关系。

③剖面图，表达清晰竖向设计。

④分析图若干与设计说明。

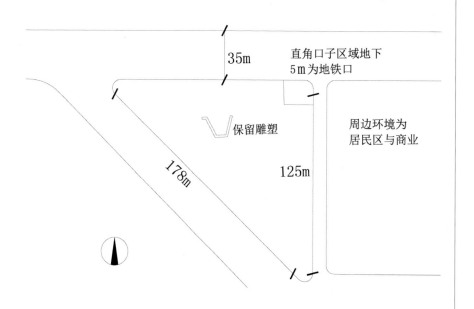

35m

直角口子区域地下
5m 为地铁口

保留雕塑

周边环境为
居民区与商业

178m

125m

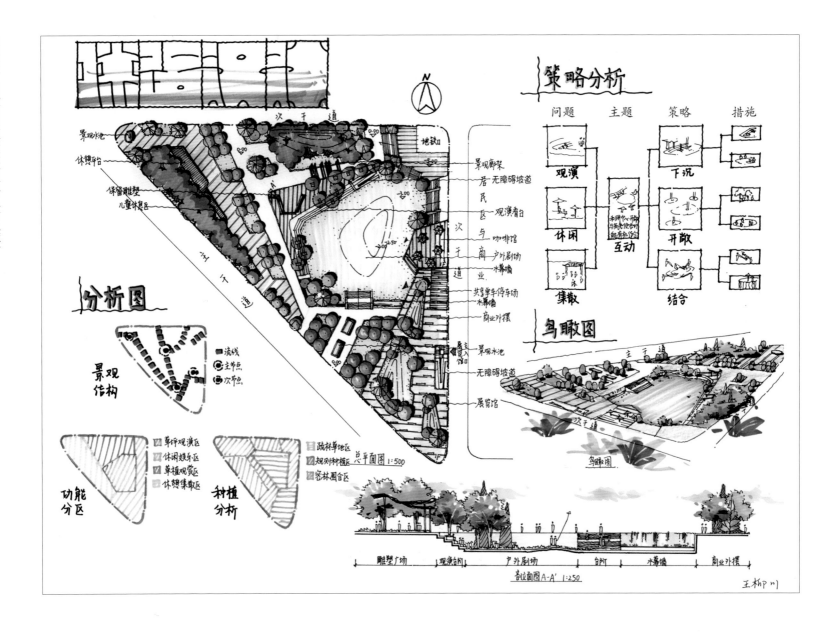

图纸信息	评语
姓名：王柳川	该方案整体布局清晰，设计语言一致，元素跟随形式，形成了多样的空间。展览馆的下沉设计和中心草坪结合，是比较好的利用空间的方法，从剖面图的表达更容易理解设计意图。设计策略的表达形成了一定思维逻辑，但主观意图不够切题。平面方案的竖向表达不够，反而不如剖面清晰。设计的不足之处在于，忽视了保留雕塑对整体方案的影响，有点可有可无的存在不是上策，鸟瞰图的问题与平面图的一致。整体图面清爽，可读性强，需加强设计方案的在地性表达。
用时：3小时	
纸张：白纸	
大小：A2	

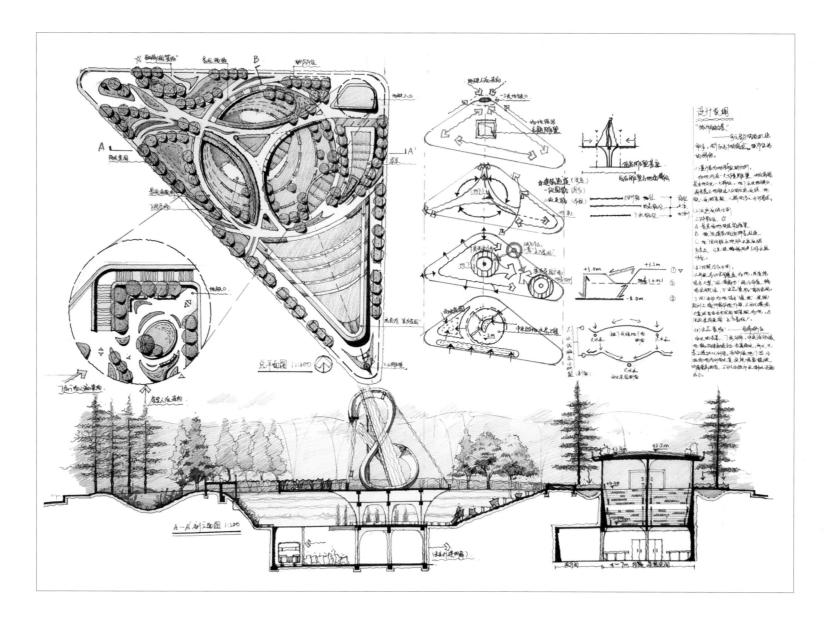

图纸信息	评语
姓名：杨维旭	该方案非常大胆地采用了地上地下一体化的设计方式，下沉空间与地铁站厅连接，剖面将站台、站厅、休闲空间的整体关系一起表达，空间层次清晰，竖向表达准确。建筑则以覆土式与地形整合起来设计，实现了建筑、场地、景观的一体式设计与表达，是比较大胆前卫、有一定合理性的设计。但题目的条件未能给出准确的站厅、站台关系，部分基于猜测的设计不可置否，设计忽略了保留雕塑对方案的影响是最大的缺点。整体图纸表达清楚可读，概念性较强。
用时：3 小时	
纸张：白纸	
大小：A1	

7.16

南方地区农村村口小型人工湿地公园设计

题目来源：华南理工大学 2017 年风景园林研究生入学考试初试真题
考试时间：6 小时

南方地区某一农村拟改善村口环境，现进行小型人工湿地公园的规划设计，场地详见地形图。

一、规划设计内容

①人工湿地景观区，包括人工湿地水净化系统、湿地景观及河涌驳岸设计。

②生态展示馆，建筑面积约 300 平方米（展示馆 150 平方米、办公室 30 平方米、厕所 50 平方米，接待室 30 平方米，交通面积自定），建筑总面积可上下浮动 10%。

③ 300 人的活动广场，10 个车位的停车场。

④乡村社区公园的基本功能配套，具体内容自定。

二、图纸内容

①彩色总平面图，比例 1：500～1：300，应标明功能和景点名称、主要植物名称、竖向标高。

②生态展示馆建筑平面图、剖面图各 1 幅，比例 1：100～1：50；建筑低点透视图 1 幅。

③人工湿地水净化系统工作机理示意图。

④场地剖面图 1 幅，河涌驳岸剖面图，比例自定。

⑤公园鸟瞰图 1 幅。

⑥规划设计分析图，内容和比例自定；简要的设计说明及经济技术指标。

三、图纸要求

A2 图纸，徒手绘制。

注：图中网格尺寸为 20m×20m。

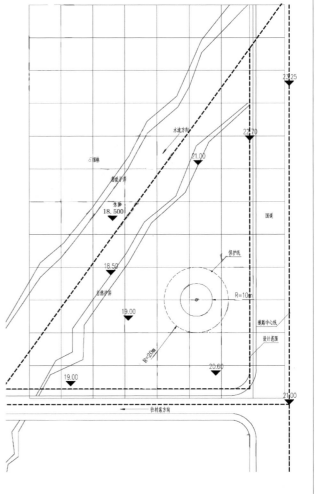

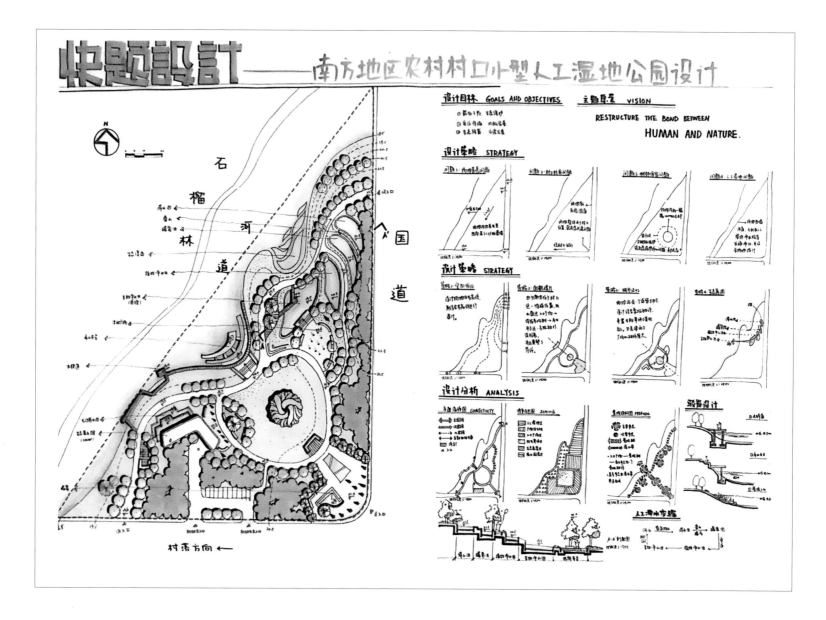

图纸信息	评语
姓名：邱小羽	农村村口绿地是比较特殊的存在，尤其是要求设计出人工湿地概念的方案。设计者对于城市公园绿地的设计有自己的方法，该方案总平面图可圈可点，结构完整，考虑了水岸关系，湿地表达相对准确，建筑的设置考虑了景观视线与交通后勤兼顾，序列化的分析图阐释了一系列的设计意图。不足之处在于，方案略过于城市化，好在场地自身除了地形、树木，别无他物，与题意并无太大冲突。对于人工湿地的设计表达稍显不足，可以充分结合地形，对人工湿地的净化流程、展示意图进行精细化表达。
用时：3 小时	
纸张：硫酸纸	
大小：A2	

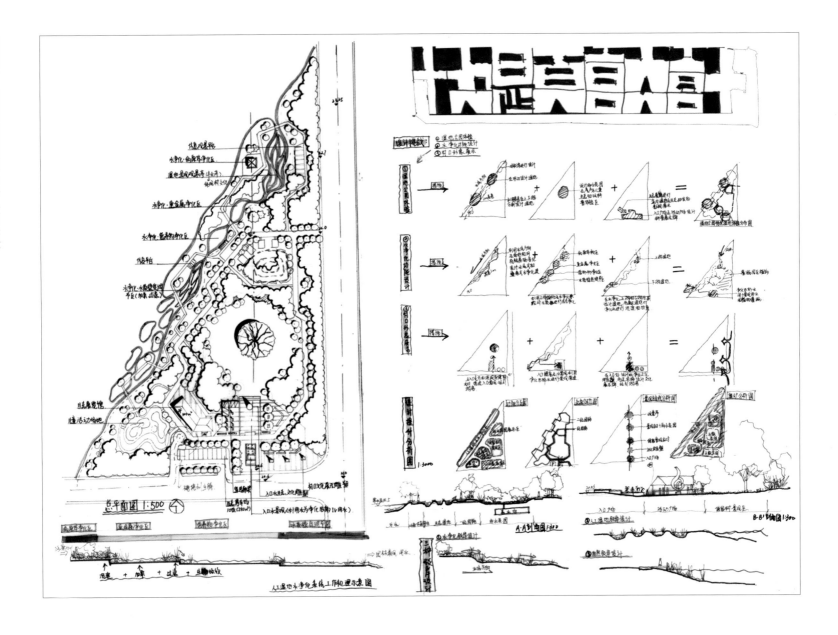

图纸信息	评语
姓名：黄洒莘	设计者对于湿地的类型有一定的理解与表达，方案也相对成熟稳重，通过剖面图与解析图的方式表达了湿地净化的流程与类型，对于现状保留大树在设计上有极强的视线关系梳理表达，但对于村口绿地设计的在地性特点束手无策。总平面图用单色表达没问题，但是蓝色水岸线描绘需要加强宽窄变化带来的敏感体验，以加强空间层次感。转角处的广场可以略作扩大，提高空间的展示性，引导游人进入。
用时：3小时	
纸张：硫酸纸	
大小：A1	

7.17 天津外滩公园景观方案设计

题目来源：不详

考试时间：6 小时

一、项目概况

本项目东起上海道与新华路交叉口，西接和平路，北到上海道，南邻海河。面积约 12.7 公顷。借助修建地铁的机会，提升公园的形象和整体使用功能，让外滩成为周边居民、外来游客和城市市民健身、观光、集会的好场所。

二、设计要求

自行确定滨水公园的功能定位、设计主题和设计目标，组织好交通关系。

①公园需要考虑一条滨水跑步道与两侧公园无障碍衔接。

②适当布置公园服务建筑。

③有高程 4.5 米的防汛墙需结合进去。

④岸线尽量不做调整。

三、图纸要求

①彩色平面图，比例 1：800。

②分析图: 功能分析、交通分析、景观结构（可根据构思自定）。

③剖面图。

④透视图。

⑤设计说明。

四、植物专业设计要求

① 彩色总平面图，比例 1：800。

②种植说明及苗目表。

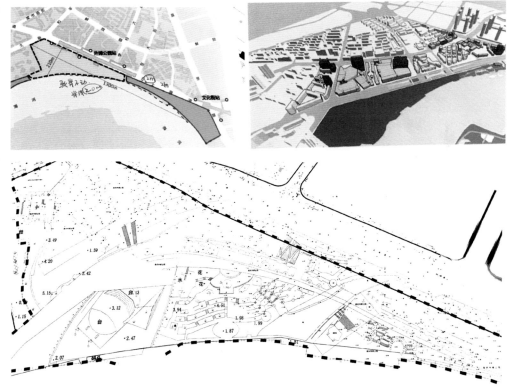

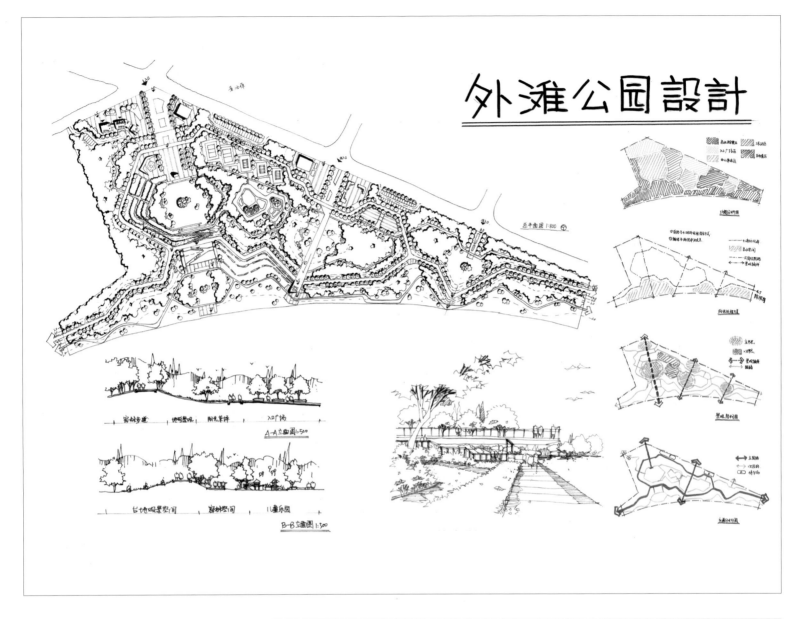

图纸信息	评语
姓名：黄洒荭	设计者对滨水空间的设计有相对透彻的理解，对滨水空间的步行导入需求和步行连续需求有很好的设计回应，并系统地考虑了未来与周边地块联系的可能性，在顺水方向也考虑了步行空间类型的多样性，水岸安全则通过地形与滨水道路的共构，实现一体化设计。总体是比较成熟的设计方案，三条垂江通道的空间层次与功能各有差别。不足之处在于，作为快速设计方案，不妨大胆一点，对江岸空间的部分做更大程度的改造，提高水岸空间的生态价值。
用时：6小时	
纸张：硫酸纸	
大小：A1	

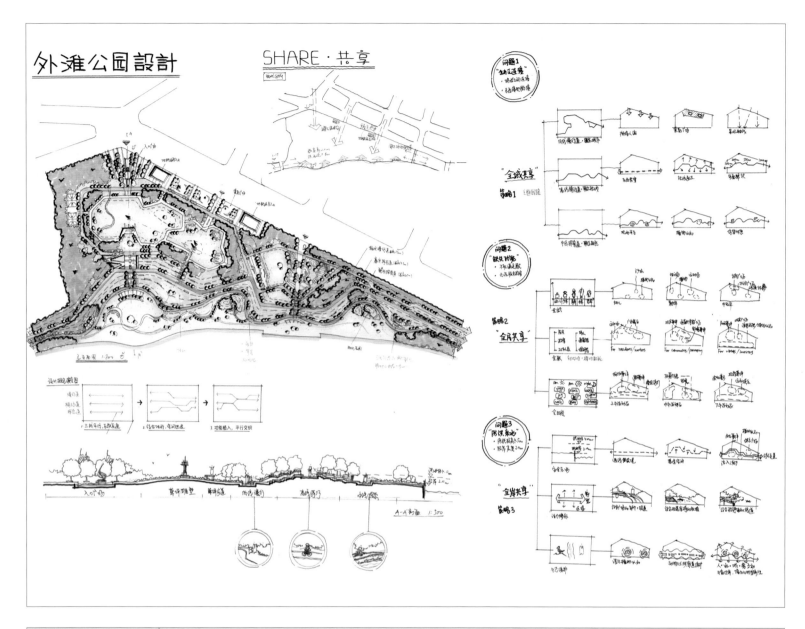

图纸信息	评语
姓名：梁竞	该方案比较完整，考虑了地铁站对外交通连接的需求，以沿街开敞的方式提供连续的界面型广场，考虑到了城市步行空间与滨水空间便捷联系的必要性，以及滨水空间多样化连续线性空间的差异需求。图面秩序感清晰，概念极强。主题演绎以图文并茂的方式阐释了城水共享的理念，切题且设计有延续感。剖面图地形起伏表达与设计方案一致、与场地安全需求一致，总体是不错的设计方案。不足之处在于，总平面图的表现色彩略显干涩，植物层次过渡不足。
用时：6 小时	
纸张：硫酸纸	
大小：A1	

7.18 南方地区某城市坡地园林餐厅改扩建及景观设计

题目来源：华南理工大学 2018 年风景园林研究生入学考试初试真题

考试时间：6 小时

南方某城市中心附近的道路旁边，原有一个利用坡地及水面设置的风景优美的园林餐厅，在图纸用地范围内拟加建两个包房，以及加建从原有餐厅主入口到达包房的连廊；设计一条从湖滨的园路到达原有餐厅主入口及各包房入口的路径及坡道；在用地范围内设临时停车场，并对包房及连廊沿线进行绿化和景观设计。

一、设计内容

①场地及竖向：在场地范围内，设计 8 个小汽车临时停车位，并设充电桩；设计从园路到达原有餐厅主入口及包房入口的客人路径及坡道。

②建筑及景观：请设计两个加建包房（每个包房 80 平方米，内设卫生间、入口玄关、备餐间、观景平台，布置包房内家具）；请设计连廊连接原有餐厅主入口、旧包房和加建包房（考虑送餐服务员风雨廊及行人需求）；请设计包房及连廊沿线附近的绿化和景观，要求以绿化树林及石景为主。

二、绘图内容

①总平面图，比例 1：500；场地剖面图，比例 1：500 ～ 1：300。

②包房及连廊：平面图、剖面图、立面图，比例 1：100 ～ 1：50；包房及连廊的外部透视（请标注尺寸及标高）。

③入口道路阶梯及坡道的剖面放大：比例 1：300（请标注尺寸及标高）。

④景观设计中的乔木、灌木、地被（请标注主要树种、灌木及地被）。

三、地形图

地形图等高线为 1 米一条。

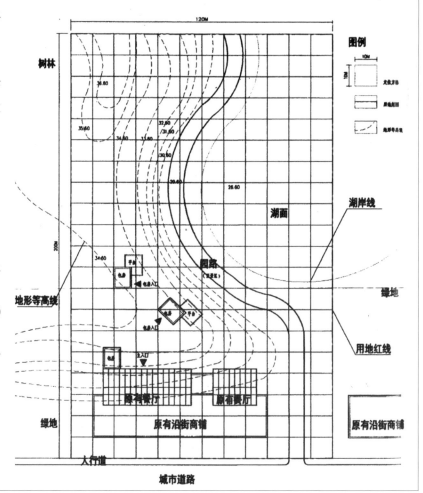

212

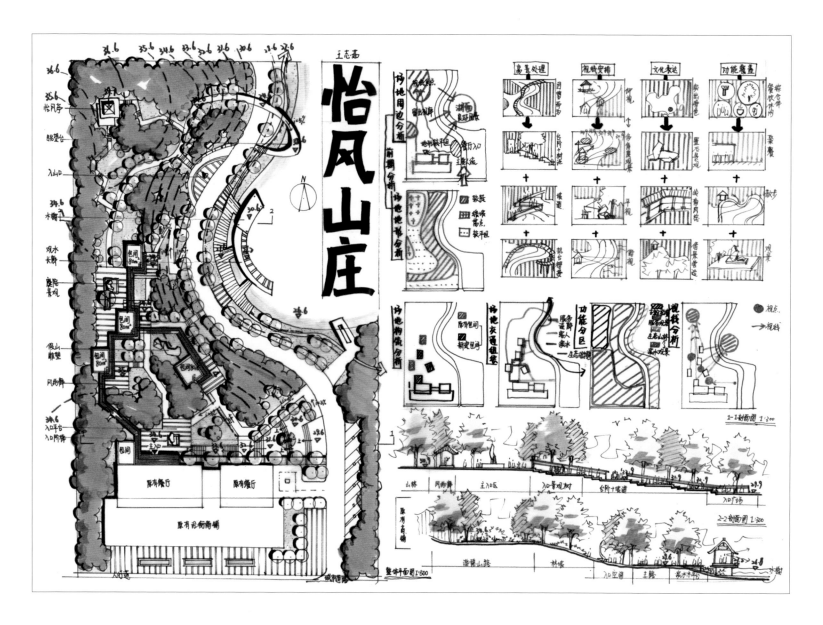

图纸信息	评语
姓名：王志茹	以连廊串联餐厅和包房是比较妥帖的做法，五个包厢布置总体比较合理，除了北侧动线略长，另外新增包房的选址应更多考虑向湖的视线。设计者充分考虑了场地的地形关系，入口的竖向设计比较合理，但停车布置没必要斜向设置，北侧观湖栈桥的设置要考虑与主园路的进出关系。方案忽视了湖面水位与主路的关系，所以未能表达准确的竖向关系。图纸整体版面完整，主题色运用得当，剖面图表达相对准确，总体上是比较好的设计与表达。
用时：3小时	
纸张：硫酸纸	
大小：A2	

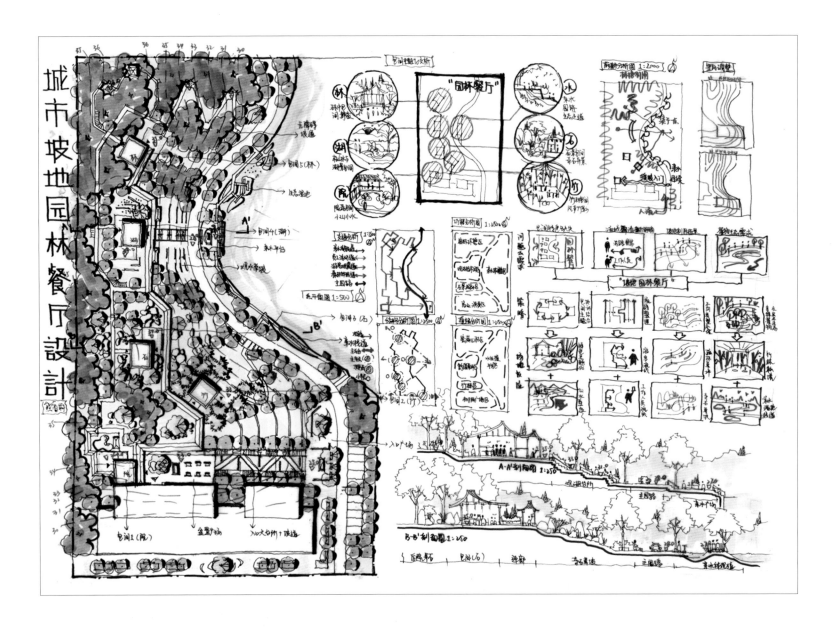

图纸信息	评语
姓名：熊睿雨	设计图纸的完成度较高，图纸规模与数量没问题。方案本身对题目要求的回应基本实现。餐厅包房设置成沿水岸展开是较好的布局方式，但距离餐厅过远，不利于送餐。场地交通的设计考虑了与地形的契合关系，但是忽略了道路与水岸之间的竖向关系。分析图图纸数量够多，内容也不少，但不够聚焦场地问题。总平面图的表达略显杂乱，植物种植琐碎导致空间不够明确。
用时：3 小时	
纸张：硫酸纸	
大小：A2	

7.19 旧城更新中的城市绿色开放空间设计

题目来源：北京林业大学 2016 年风景园林研究生入学考试初试真题

时间：6 小时

一、项目概况

我国西北某城市旧城区内人口密度过高，城市道路狭窄，交通拥堵，且缺少绿色开放空间。

以城市道路拓宽改造升级为契机进行旧城更新，通过置换的方式，拆除一部分原有老旧小区，拆迁后的地块用作公园绿地，为旧城区增加绿色开放空间，提升居住品质与街区活力。

设计场地分布于城市一条东西向主干道的两侧，整个区域的道路均要拓宽，道路红线分别拓宽至 35 米、30 米、18 米和 12 米，场地内现有建筑全部拆除作为绿色开放空间。总面积 约 5.5 公顷。

场地被城市道路分为三个部分。主干道南侧有两个地块，分别毗邻住宅小区、中学、城市道路和规划的商业用地。现状场地中部东西向有陡坎，高差近 12 米。

主干道北侧有一个地块，通过现有的过街天桥与南侧的两个地块相联系，北侧的地块分别与办公用地、居住用地和城市主干道相邻。现状场地高程比城市东西向主干道低约 3 米。

场地内存在一定高差变化（平面图中数字为场地现状高程）。

二、内容要求

①场地为开放式的城市绿色空间，设计要处理边界与城市界面的融合，让公众方便进入。必须整体考虑三个地块，通过场地设计串联整个城市街区。要通过设计建立地块间的联系，形成良好的街景效果，以及整合道路。绿地率不小于 65%。

②毗邻中学的地块周围需要设计一片便于学生认知自然、探索生态、科普教育和动手实践的户外课堂与认识苗圃的区域，面积不小于 1500 平方米。

③公园绿地需要满足周边办公、商业、居住、科教用地的使用功能需求，为附近的居民、工作人员和学生提供公共休闲服务空间。

④在场地中选择合适的位置设计一座茶室建筑和两座公共厕所。其中，茶室建筑占地面积 200 ~ 300 平方米，建筑外要有一定面积的露天茶座。每座厕所建筑面积 100 平方米。

⑤设计必须考虑场地中现状高程变化，同时，尽量符合绿地内的地表径流零排放到市政管网的要求，设计可考虑场地内雨水、汇水、地表径流与竖向设计的合理结合。

三、图纸要求（总分 150 分）

①总平面图，比例 1 ：600，包含竖向设计（包括等高线）和种植设计（不需要标明植物种类）。（80 分）

②节点竖向和种植设计平面图，比例 1 ：300。选取茶室建筑周边不小于 3000 平方米的地块进行详细的竖向设计（需标注控制点标高和排水方向）和种植设计（只需要标明植物种类，不需要标注植物规格）。（20 分）

③局部剖面图 2 张，比例 1 ：100 或 1 ：200。（10 分）

④总体鸟瞰图 1 张。（25 分）

⑤节点透视图 1 张或 2 张。（10 分）

⑥设计说明和其他必要分析图纸。（5 分）

注：所有图纸画在 2 张 A1 白色不透明绘图纸上，严禁上色。

附：图纸资料说明。

设计范围为平面图中粗线以内范围，方格网尺寸为 60m×60m。

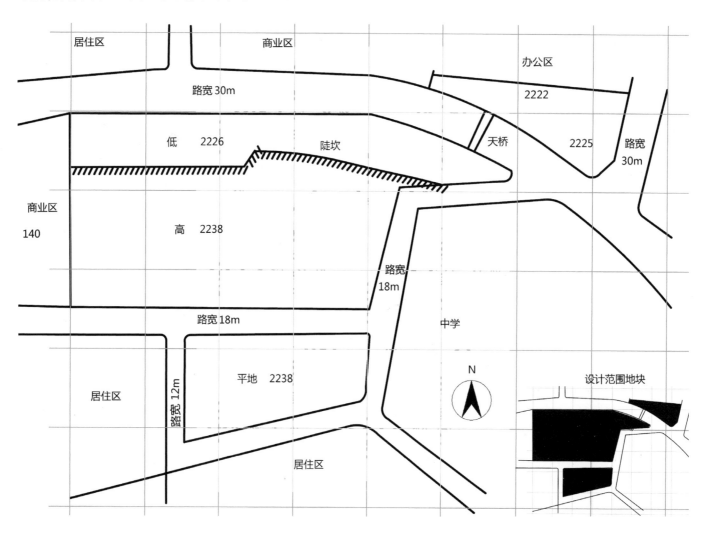

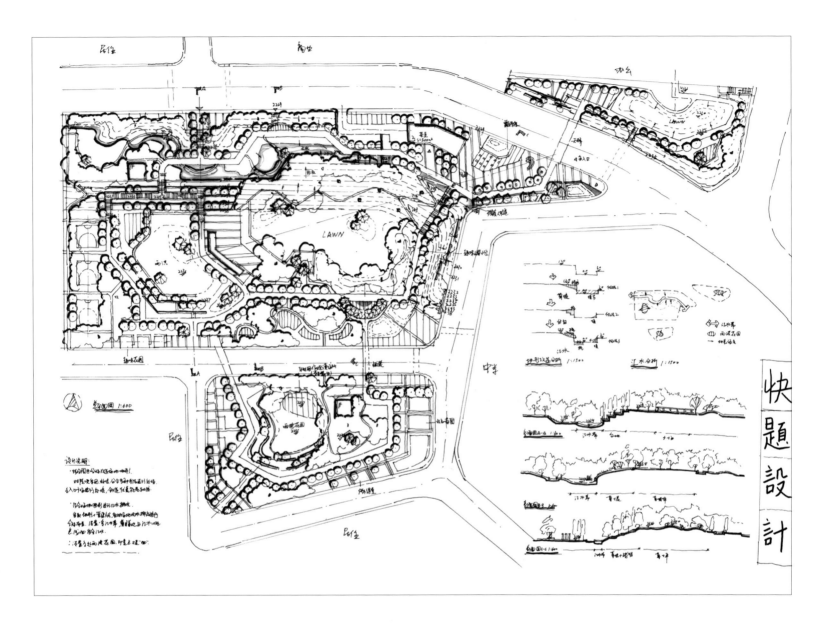

快题設計

图纸信息	评语
姓名：王晓琦	设计者很好地把握了三个设计地块的割裂性问题，通过合理的步行交通组织将三个地块有机地联系到一起，以空间呼应的方式将空间串联成整体，同时解决了现有的大高差问题，并利用高差塑造了水景、台阶、景墙等空间，而海绵绿地的设计则通过下凹绿地的方式分区布置，保证运行的可行性，总体上是比较不错的设计方案。不足之处在于，东北角地块与边界围墙的关系没考虑清楚，图纸没有空间化场景的表达。
用时：6 小时	
纸张：硫酸纸	
大小：A1	

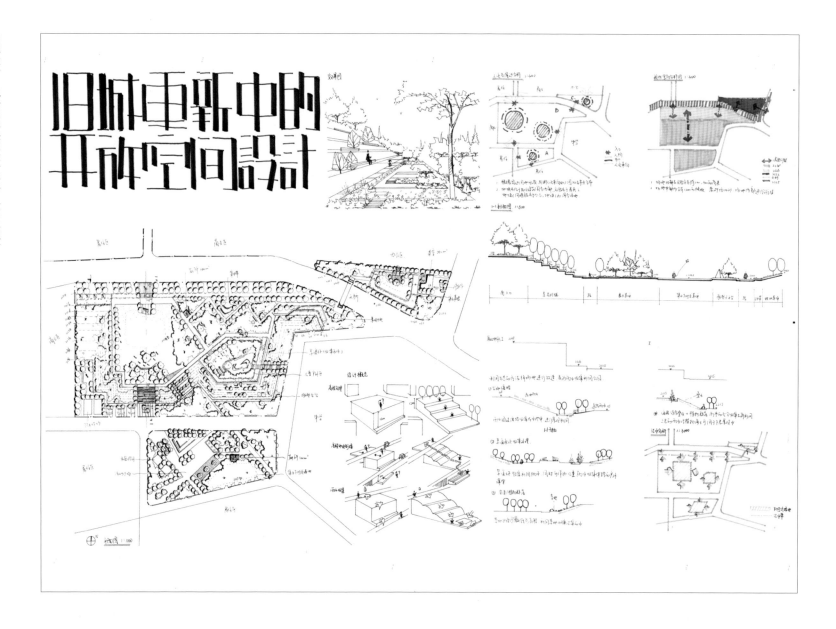

图纸信息	评语
姓名：方子晨	设计者突出了存量空间的概念，遗憾的是场地内现状有利要素不多，无法做深入设计。方案形态表达出了一定的呼应关系，中心大地块强化了空间的疏密关系。设计分析抓住了地形的复杂与设计的硬度，考虑了海绵城市雨洪管理理念的表达与设计。不足之处在于，对大高差在平面空间的表达不够准确，难以将地形改造模式与平面构建关联起来，总平面图肌理整体略显凌乱，可以进一步加强三个地块的统一性与整体性。
用时：6 小时	
纸张：白纸	
大小：A1	

7.20 上海某体育公园规划设计

题目来源：同济大学 2014 年风景园林研究生入学考试复试真题
时间：6 小时

一、题目名称

本次景观规划设计快题题目为"上海某体育公园规划设计"。

二、用地现状与环境

本基地为上海市将建设的某体育公园，北侧地块为体育中心，南侧地块为滨河绿地，西侧地块为五星级宾馆，东侧地块为文化中心。周边其他用地为居住用地，总面积为 9.54 公顷。公园内拟建设如下体育设施及相关项目。

①可用于户外比赛的标准网球场 1 片、练习场 2 片。

②娱乐性极限运动场地 1 处：满足青少年进行非专业比赛性质的极限运动需求，面积为 2000 ~ 3000 平方米。

③儿童游戏场 1 处：满足儿童益智、运动等户外游戏需求，面积为 1000 ~ 1500 平方米。

④用于跑步运动的跑步道（可结合游步道设计），长度约为 1500 米。

⑤满足市民开展街头篮球、群众街舞、老年健身等活动需求的场地及设施，面积自行确定。

⑥总面积 2000 平方米的配套服务建筑：功能为体育用品商店、便利店、公厕、茶室、管理用房等。

⑦200 个机动车车位、300 个非机动车车位的停车场地或车库。

⑧体育公园需配套的其他休憩、休息等便利设施。

三、设计内容与要求

本次规划设计包含体育公园总体景观规划及特色区景观环境详细规划设计两部分内容。

1. 体育公园景观总体规划

①在分析规划设计基地和周围环境关系的基础上，对该公园进行总体布局，需合理解决区内外交通、用地等的功能及空间组织关系，要求功能合理、布局协调。

②对体育公园的功能、交通、空间、建筑、场地、绿化、设施等进行组织与安排，要求功能合理、空间流畅、场地与绿化融合、设施布局有机，并具有一定的创新性。

③总体绿地率应大于 50%。

2. 中心区景观环境详细规划设计

①根据总体规划自行选择公园内特色区域进行景观环境详细规划设计，要求能体现公园规划的特色，面积不小于 1.5 公顷。

②有机布局区内各类景观要素，妥善处理场地与其他设施的空间关系。

③合理组织与布局区内场地、建（构）筑物、水景、绿化、设施、小品等之间的关系。

四、设计成果要求及分值分配

1.图纸内容（90分）

①体育公园景观总体规划平面图（45分）：图纸应标明用地方位和图纸比例，各类景观绿地的形态、位置与名称，设施的位置和名称，竖向标高等，图纸比例1：600，用彩色图纸表达。

②总体规划结构分析图（10分，比例自定）：包括功能区划、交通组织、绿地组织、设施布局等规划结构图。

③特色区景观环境详细规划设计图（35分）：包括平面图（图纸比例1：200，用彩色图纸表达）、剖面图或轴测图（至少1张，图纸比例1：100，用彩色图纸表达）。

2.设计说明与图纸表达（10分）

①设计说明：应简明扼要，概述设计思想、处理手法以及设计效果等。

②经济技术指标及用地平衡表。

③图纸表达应清晰明了，文字端正，图样明确。

五、答题要求

①图纸要求采用 A1 硫酸纸。

②姓名、考号统一写于卷纸左上角（不得超过5cm×3cm）。

除反映设计内容外，在图纸上进行任何明显的标记者以作弊处理。

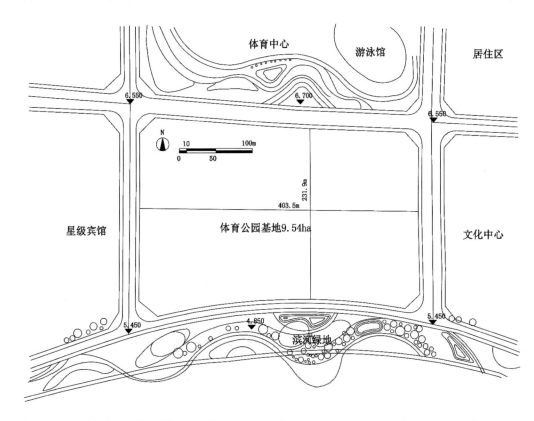

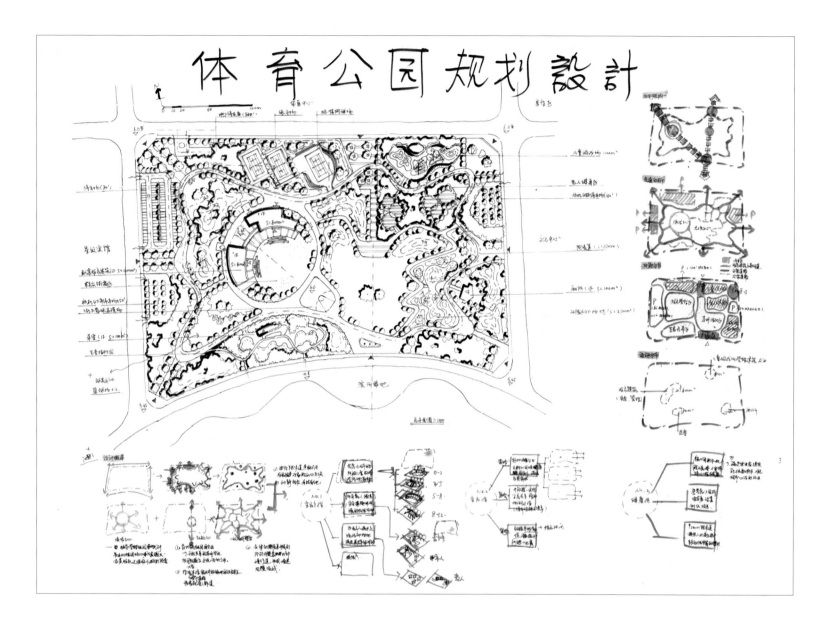

图纸信息	评语
姓名：王文卿	设计方案疏密有致，从城市到水岸呈现出活力到生态的过渡，邻近城市界面以相对开敞的方式设计，着重布置竞技类球场等功能；休憩、草坪空间则位于近河区域，整体功能动静分区。主动线结合慢跑道，以星形为语言组织，长度似有不足。分析图数量、质量兼备。不足之处在于，建筑的布置过于内向，不利于内外共享；分析图的版面组织随意，疏密控制未认真推敲；标题的写法随意，字体极度影响版面的效果。设计者应该在版面组织上多下功夫。
用时：6 小时	
纸张：硫酸纸	
大小：A1	

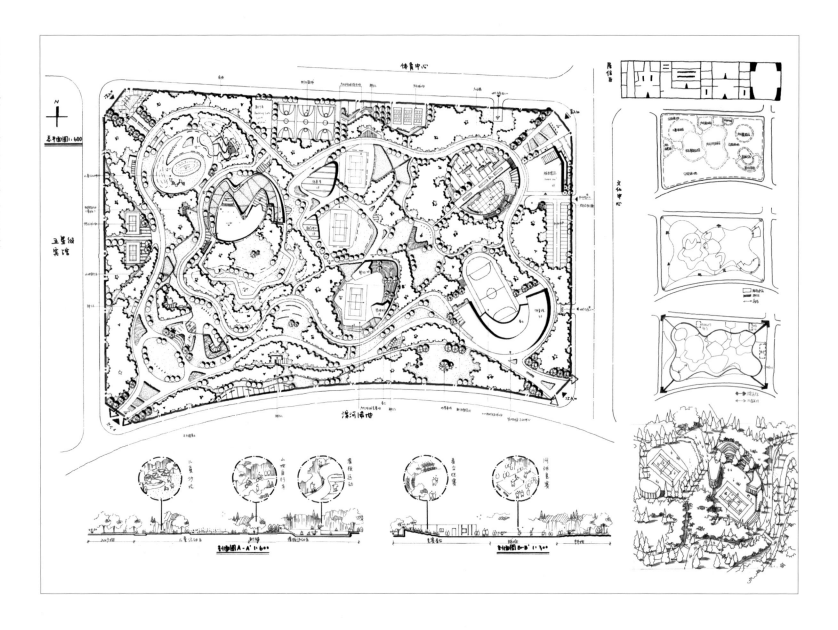

图纸信息	评语
姓名：姜信羽	设计者对形式的控制力极强，设计语言统一而富有张力，此方案图面层次清晰、表达精彩，是很值得学习的设计方案。球场空间统一在自然的曲线之中，形成了动线串珠式的空间布局形态，没有刻意强化轴线关系，但实为富有自然秩序的人工表达手法。停车场、球场、场地表达较为规范合理，设计深度收放有致，建筑的选址比较合理，总体是比较完善的设计方案。可进一步概括设计方案的理念与主题，从设计表达的角度让读者更易理解设计意图。
用时：6 小时	
纸张：硫酸纸	
大小：A1	

7.21　某滨海郊野"2号"自驾车营地

题目来源：华中科技大学 2012 年景观（工程景观学、风景园林专业）研究生入学考试初试真题
考试时间：6 小时

一、项目背景

在经济发展的助推下，自驾旅行在我国已经成为一种旅游休闲方式。为适应这一趋势，北方某省规划了我国第一条郊野滨海旅游露营公路干线，该线路穿越自然保护区、森林公园、风景名胜区等自然区的滨海区段，全长 150 千米，规划设 5 个自驾车营地。本设计场地为"2号"自驾车营地。"2号"自驾车营地位于某国家级自然保护区范围内，规划范围内现状有 2 处石块筑砌保护遗址、自然保护区管理部分早期修建的砾石步道和登山道及因筑路留下的采石废弃场地。本设计范围线与海岸线围合的陆地面积约 4.3 公顷，网格尺寸为 50 米 ×50 米（场地地形状况见附图）。

二、设计要求

本场地专为自驾车旅行者服务，主要针对该设计范围线与海岸线围合的陆地部分进行布局，不得超出设计控制范围线；总体布局应充分考虑场地条件与地物及场地周边环境，以"最小干预场地"为原则进行设计，设计需与场地地貌、生态、景观风貌高度协调，并充分利用场地材料营造建筑设施。请特别遵守国家关于自然保护区及历史遗址保护管理的规定，并在设计布局中充分体现。自驾车营地基本功能要求如下。

①标准停车位 20 ~ 25 个。②小型房车组装、停泊与就近露营混合场地 2 处，并应配设与房车适应的配套设施。③配套设施完善的露天剧场 1 处，其规模应满足 50 顶双人露营帐篷的晚间安设。④服务站 1 处，包括厕所、简易厨房及多功能房间，其他用房根据露营需要自定，总建筑面积不得大于 150 平方米，其建筑风格应与环境保持协调。⑤眺望海景的观景栈桥一处，应满足施工方便与安全要求。⑥必要的厂区道路。

三、设计成果

① 总平面图（比例 1 ∶ 1000）：详细标明设计要素的名称及设计标高等。
② 服务站房平面图、立面图、剖面图（比例 1 ∶ 100）及效果图（不小于 A4）。
③ 与海岸线垂直的露天剧场场地剖面图（比例 1 ∶ 300 ~ 1 ∶ 200）。
④ 海景观景栈桥效果图（不小于 A4）。

⑤ 详细设计说明（500 字以上）。

⑥ 各功能设施经济技术指标。

以上成果汇总在 A1 图幅的不透明纸上，以非铅笔线条表达，其他表达方式不限。

四、完成时间

6 小时（含午餐时间）。

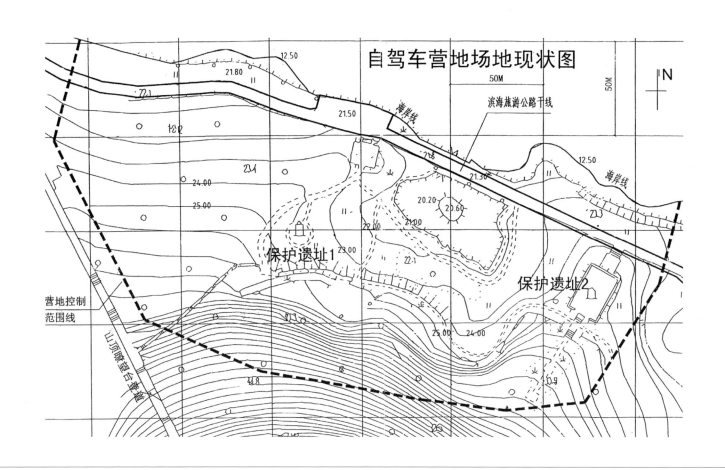

自驾车营地场地现状图

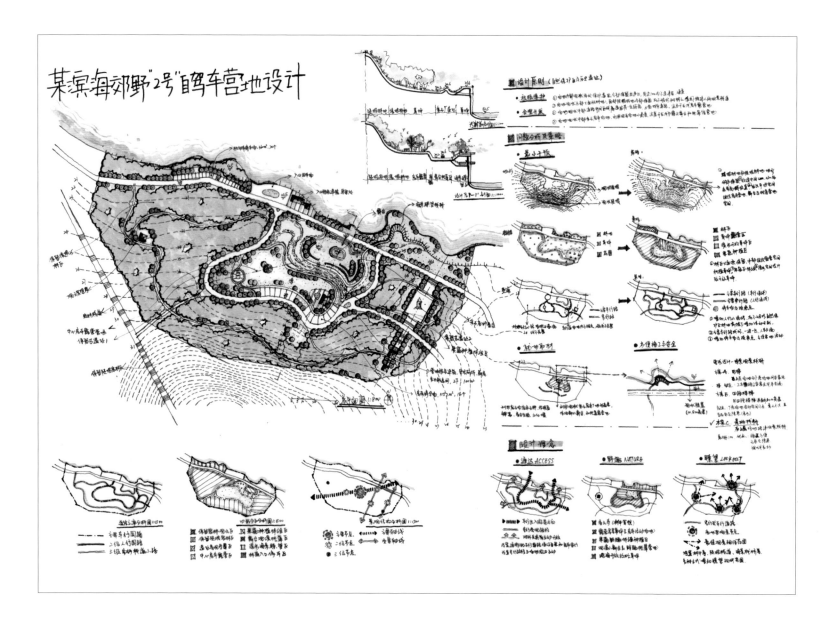

图纸信息	评语
姓名：于润清	自驾车营地是比较特殊的一类设计，涉及一定强度的开发建设，所以对自然环境本底的理解非常重要。设计者对题目要求的最小干预有深刻的理解，对于场地内自然要素与人文要素的保留利用要求明确、强烈，结合场地竖向空间组织了一条半循环车行道路，人行交通再与之相扣，形成完整的交通体系组织。对于现状地形的利用也较为合理，结合下沉区域营造了剧场与草坪空间。分析图体系感较强，有一定加分属性。不足之处在于，图纸中缺少了些许空间表达。
用时：3 小时	
纸张：硫酸纸	
大小：A1	

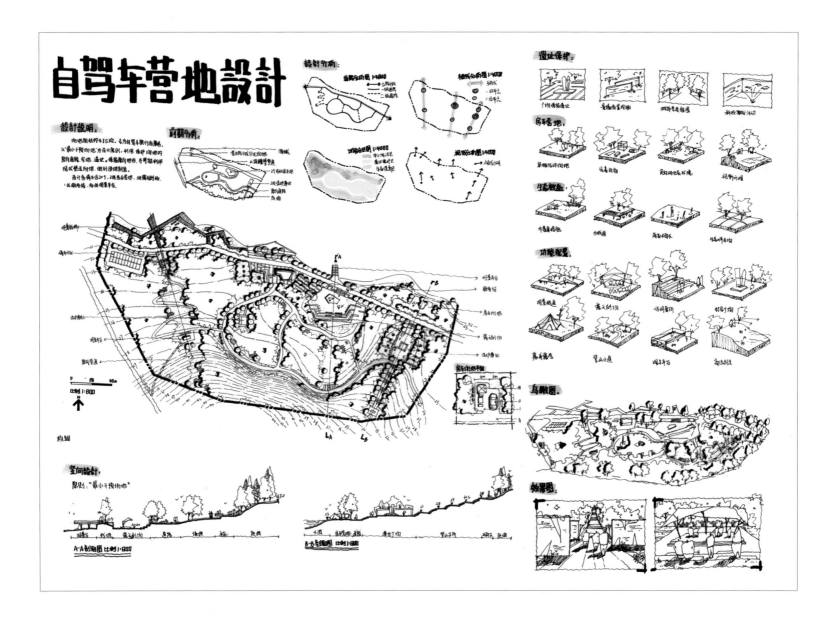

图纸信息	评语
姓名：杨翔	设计者对于原场地现状的理解合理，从自然空间中找到新的空间秩序，从山到水形成了一定的空间序列，西侧为自然空间，东侧为人文主导，中间为露营地空间，是比较合适的格局。图纸整体版面清晰，内容完善，用色也比较谨慎得当，是较好的表达。矩阵式的分析图模式化表达了多个条线的设计意图。不足之处在于，车行线路的设计不够严谨，自驾车营地表达不明显。观景台选择的位置会有较大的施工难度，需要从观景效果、施工可操作性等角度出发，重新选择位置。
用时：3小时	
纸张：硫酸纸	
大小：A1	

7.22　某滨水开放性公共绿地规划设计

题目来源：同济大学 2014 年风景园林考试保研真题
考试时间：3 小时

一、基地现状

基地北侧绿地面积 8685 平方米，南侧面积 23139 平方米，基地总面积 31824 平方米。基地现状为平地，场地标高为 4.70m（绝对标高）。

二、设计要求

① 100 个地下与地面机动车车位（比例自定）。② 100 个非机动车车位（地上、地下自定）。
③南北联系步行桥。④ 2500 平方米商业设施（小型便民商业设施、餐饮）。⑤绿地率应大于 50%。

三、成果要求

①结构分析图（比例 1：1500 ~ 1：1000），包括功能布局、空间组织、交通组织、绿化布局、游线及设施布局图。
②总平面图（比例 1：500）。③剖面图 2 张，比例 1：200 ~ 1：100。④设计说明。⑤经济技术指标与用地平衡表。

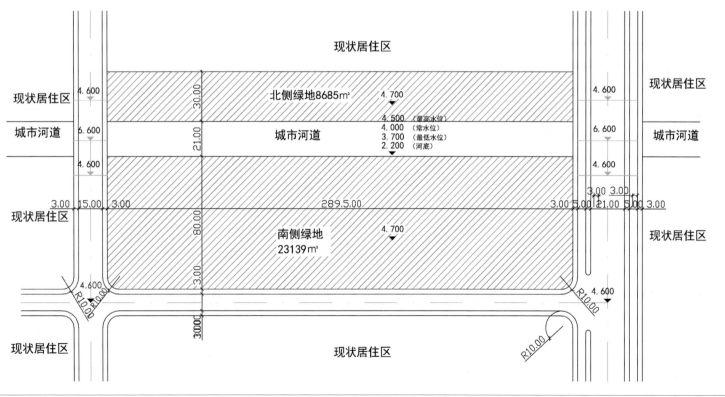

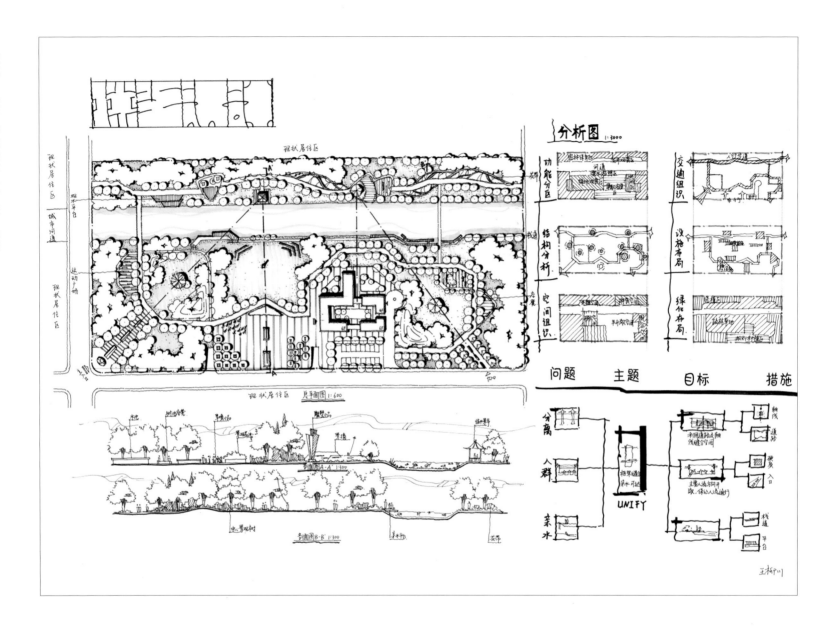

图纸信息	评语
姓名：王柳川	社区级公共绿地服务的人群相对稳定，因此功能布局难度不大。长条形的场地设计有一定的难度，设计者方案整体秩序感清晰，题目要求的建筑组织形成院落并考虑了停车场地的关系，地下停车的范围表达不够清楚，要考虑过水桥与场地高差关系。水岸的设计可以增加竖向层次，并且增加滨水空间的可达性，北侧极窄绿地的设计要注意与水岸的协调关系。版面整体组织完整清晰，以黑白为主、浅绿辅助的方式来表现不失清雅。
用时：3 小时	
纸张：白纸	
大小：A1	

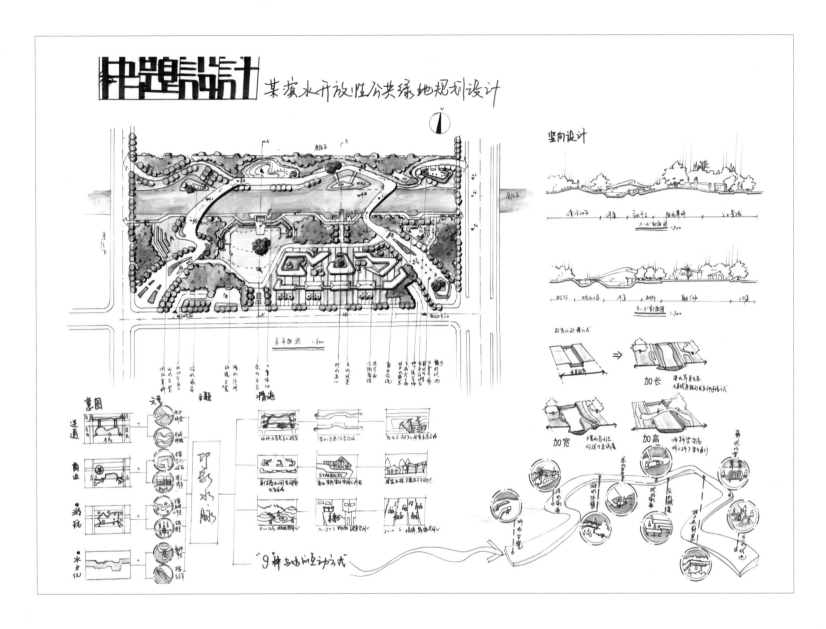

图纸信息	评语
姓名：温雯	以水空间作为设计方案的重点来切入，是比较合适、讨巧的方式。设计者对于步行空间的可达性、商业服务的展示性、游乐空间的体验性、水岸空间的互动性有自己的认识与表达，方案本身形式整体性较强，部分铺装道路的宽度过宽，商业空间占据的用地过大，应该增加更多居民使用的空间，并增加具体的功能设施。另外，桥下下穿滨水步道的可行性需要斟酌论证。总体上是概念强且表达、表现做得不错的设计方案。
用时：3 小时	
纸张：硫酸纸	
大小：A1	

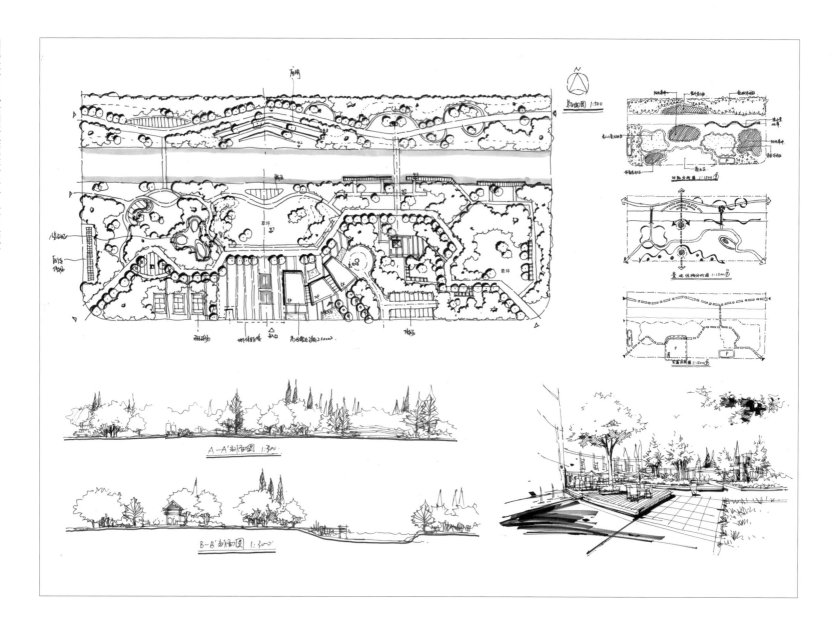

图纸信息	评语
作者：王晓琦	折线的设计形式在丰富性上优于单纯直线，再复合一些曲线形式，使方案在组合关系、空间开合上发挥了两种形式的特征，并且主次分明。基于对周边场地环境以及自身的定位，方案在功能上的考虑也相对合理，有相对开敞的空间集聚，也有儿童游乐、休闲、运动、交流等功能。建筑结合主广场，充分考虑了后勤流线，但建筑量稍显不足。自行车停车空间过分集中，不利于使用。河道北侧的空间可适度表达部分特殊功能。应加强植物造景的作用以及图面表达。滨水入河道的栈道其实意义不大，倒是可以考虑适度地扩大局部水面，丰富滨水空间的多样性。总平面图的人行道、外部环境也应该适度表达。地下车库范围线不正确，地下车库入口长度不足。
用时：3小时	
纸张：硫酸纸	
大小：A1	

7.23 南方某小型文化公园景观规划与设计

题目来源：华南理工大学 2008 年风景园林研究生入学考试初试真题

时间：3 小时

一、基地现状

在南方某市风景优美的滨水地区，拟建一小型文化公园，面积约 2.51 公顷（其中水面面积约 0.5 公顷）。文化公园东侧为一办公楼，西侧为文化馆、中学用地（规划），现进行该文化公园的规划工作。（用地详见附图）

二、规划设计内容

小型文化公园详细规划。

三、设计要求

①性质：以文化活动、休憩、观景等功能为主的开放性休闲公园。

②功能分区：场地内功能设置自定，要求主题鲜明，功能结构合理，交通联系合理简洁，注意与周边环境的协调，充分利用场地特征进行规划与设计。

③停车场：10 个小车停车位（2.5 米 ×5 米）与 2 个旅游大巴停车位（4 米 ×12 米）。

④河流常水位标高为 9.50 米，洪水位标高为 11.00 米，注意基地洪水线以下场地的合理利用、滨水驳岸的处理形式等。

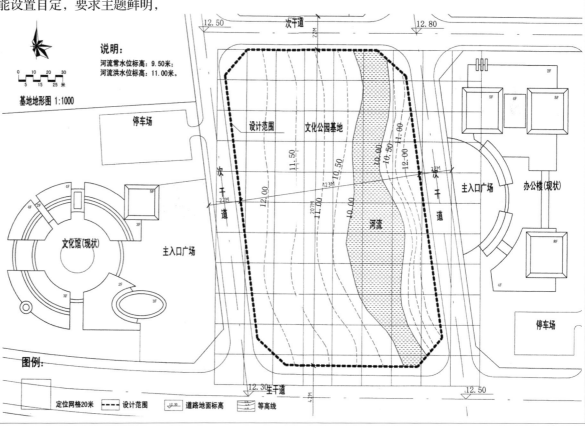

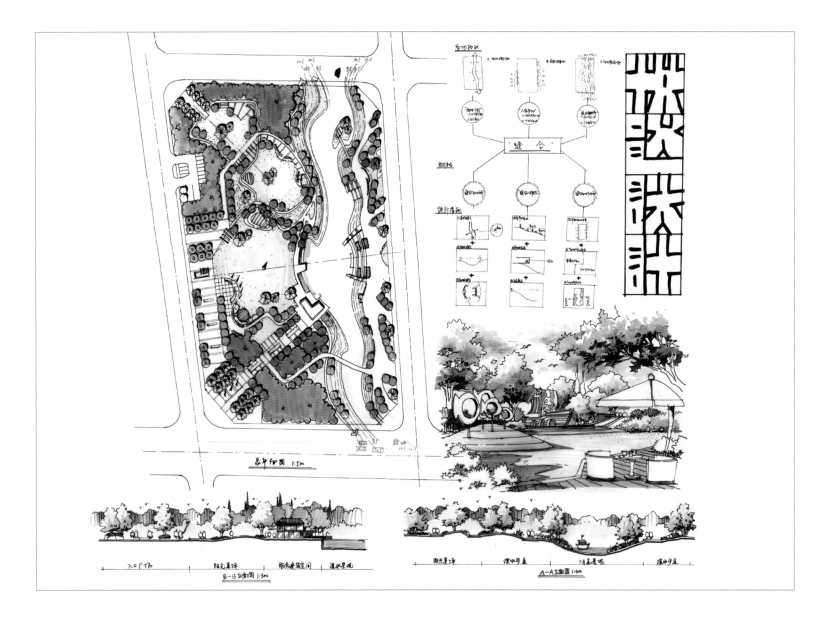

图纸信息	评语
作者：左莹	"缝合"作为方案的主题，突出一河两岸的链接式设计，比较切题。设计者对周边空间的整体理解相对准确，临路空间以开放式连续活动空间为主，并将建筑滨水设置，保证了景观效果，形成了两条空间序列，一实一虚，大胆对原城市河道自然化改造并合理梳理竖向关系。不足之处在于，部分河道区域宽度略微不足，东侧厂房区域的空间过度设计。可以考虑用两座步行桥强化缝合两岸步行连续性的概念。
用时：3 小时	
纸张：硫酸纸	
大小：A1	

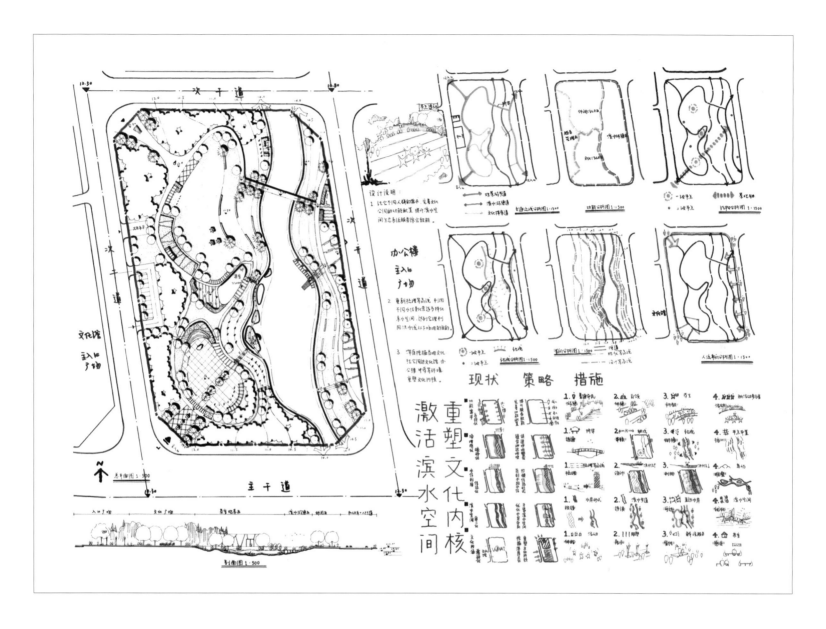

图纸信息	评语
姓名：姜信羽	这是一幅非常有表现力的设计图纸，设计者从交通、功能、空间、竖向多维度梳理场地设计的需求。总平面图制图规范，内容表达疏密有致，纯线条的绘制方式细腻有层次，图纸的色彩表达采用黑白灰为主基调，红绿蓝纯色表达图示要素，重点突出。设计主题则以文化、滨水为主要切入点展开设计与表达，能够将概念与空间很好地结合起来。剖面图线描的方式一样层次分明。可以适度增加设施性空间，东侧的水岸可以增加种植层次。
用时：3 小时	
纸张：硫酸纸	
大小：A1	

7.24 厂区入口绿地设计

题目来源：同济大学 2015 年风景园林研究生入学考试初试真题
考试时间：3 小时

一、基地概况

华东某城市某工厂位于城郊，拟在厂区入口区域建设面积为 7 公顷的开放式办公区，内部为生产区。厂区道路的交通量不大。

基地地形呈缓坡状，是承载力较好的土质荒坡，地形改造相对较易，挖填工程造价不高。基地东北角已确定建设办公会议及接待楼一栋，平面布置如下图，建筑风格为现代式，简洁明快。建筑南侧主入口门的宽度为 6 米，另外三个次入口门的宽度均为 2 米，所有入口在建筑立面上居中布置。

二、设计要求

1. 总体设计要求

①使用功能：要考虑户外体育和展示区域，安排一些展示企业文化的户外景观和设施，需安排一个户外篮球场供职工健身。

②交通功能：小轿车需要到达办公楼南侧主入口，从城市道路上最多只能开设一个机动车出入口进入开放式办公区，厂区道路开设机动车出入口的数量不限。停车方面，需要 60 个小轿车停车位，其中至少有 30 个靠近办公楼，便于日常使用，其余 30 个供会议和活动期间使用，位置不限；需要 5 个大巴车停车位，位置不限；需安排自行车停车位 50 个，宜靠近厂区道路。

③其他景观和绿化等功能可以根据设计构思自定。

2. 办公楼主入口前场地详细设计要求

按照办公楼前场地的功能、景观、绿化的需求进行设计，无特别要求。建筑底层和室外场地的相对高差宜在 0.45 米以上，具体标高根据设计构思自定。

三、成果要求

1. 总体设计要求

①总平面图一张，比例 1：500。

②剖立面图两张，比例 1：50。

③分析图两张，比例自定。

2. 办公楼主入口前场地设计

①总平面图，比例 1：200。

②剖立面图两张，比例 1：200 ~ 1：100。

③局部透视图，数量自定。

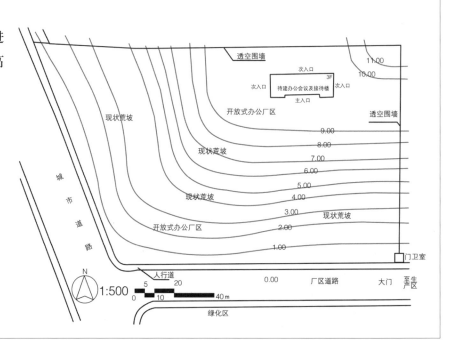

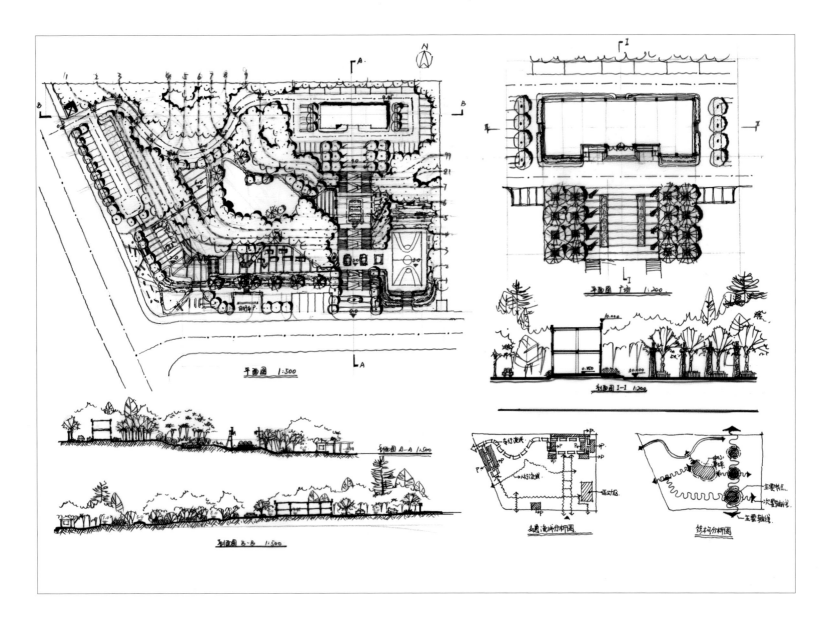

图纸信息	评语
姓名：常青	该方案简洁明快，看似无甚设计，实则更多考虑的是与场地特征以及题目要求的衔接。方案合理地布局了各类停车设施，对于建筑人车流线的分流组织清楚合理。更可贵的是对地形表达的梳理，因题目提出了地形可大幅改造，方案大胆地梳理地形竖向关系，将原本单一斜坡的空间构想成多层台地式方案，并结合台地布置篮球场、停车场等对地形要求高的内容。红色的等高线更强化了对地形设计的构想。剖面图的表达不够精彩，未能强烈刻画出设计思维。从节点的设计可以看出设计者的建筑学知识相对扎实。整体来看，是个值得学习的方案。
用时：3小时	
纸张：硫酸纸	
大小：A1	

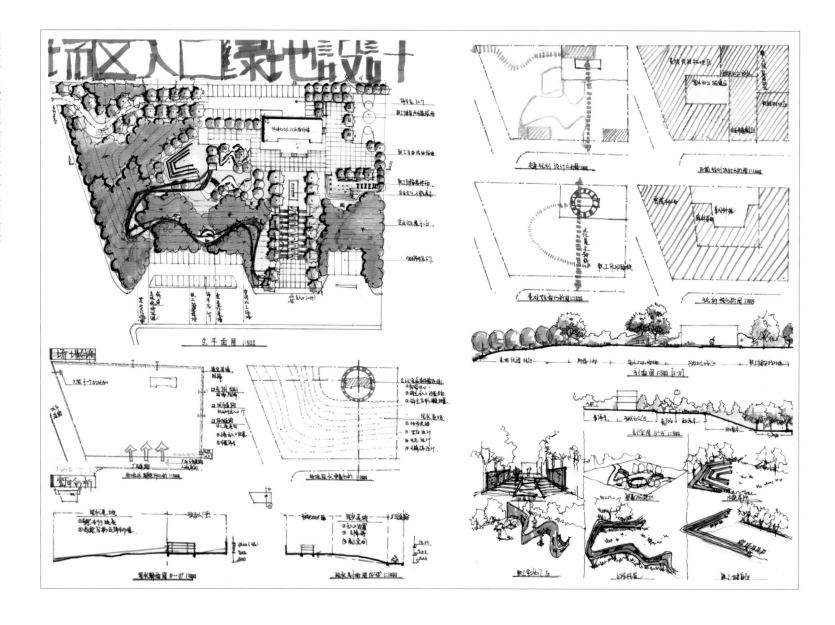

图纸信息	评语
姓名：赵永佳	场地的高差接近 10 米，设计者很好地理解了场地设计最大的难点所在，总体布局合理。方案的交通组织考虑到了规范与题目的要求，将建筑通道设置于西侧道路，将大量的交通设施布置于厂区道路内。对地形的梳理与调整符合设计意图。整体图面色彩统一，比较有表现力。不足之处在于，上山车行道的长度与线形未经过准确计算，长度稍显不足。大巴车停车区的港湾式画法多此一举，厂区内部道路不必如此。
用时：3 小时	
纸张：硫酸纸	
大小：A1	

7.25 南方某城市滨水绿地设计

题目来源：同济大学 2015 年风景园林研究生入学考试复试真题

考试时间：6 小时

一、基地概况

　　地块为一期建设用地，毗邻城市河道，面积 1.3 公顷。基地中有古树 6 棵，一个 6 米见方的石台上有一个 4 米高的石碑，上面记录了这里一次重要的航运事件，靠河岸处有一个宋代码头遗址，石台标高 4.2 米。图中画出了河道规划蓝线，常水位标高±0.00，此处有防汛要求，洪水位是 6 米，须在蓝线以外设置防洪堤，蓝线以内要考虑市民的亲水活动需求，安排亲水设施。因为二期已经解决了停车问题，此地块无须考虑小汽车和大巴车停车位，只需能放置 50 辆自行车的停车场。地块内拟建一个 800 平方米的展览建筑，用来展示书画等艺术作品，最好不超过 2 层，宜作园林式建筑处理。场地宜作自然、生态化处理，不用考虑土方平衡。

二、设计成果

①总平面图，比例 1：500；剖立面图，至少 1 张；竖向分析图。

②节点放大图，比例 1：200～1：100；剖面图，至少 1 张，比例 1：200～1：100。

③各类分析图。

④透视图。

⑤设计说明。

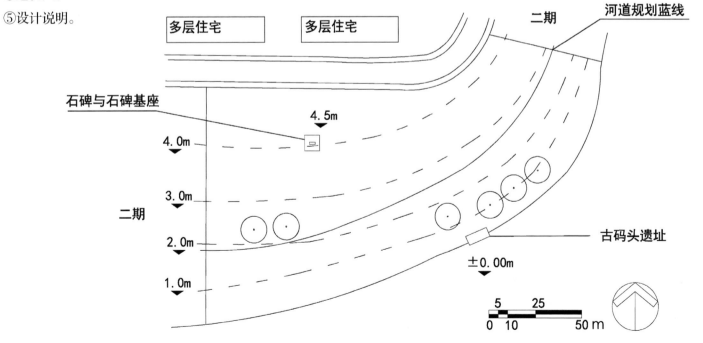

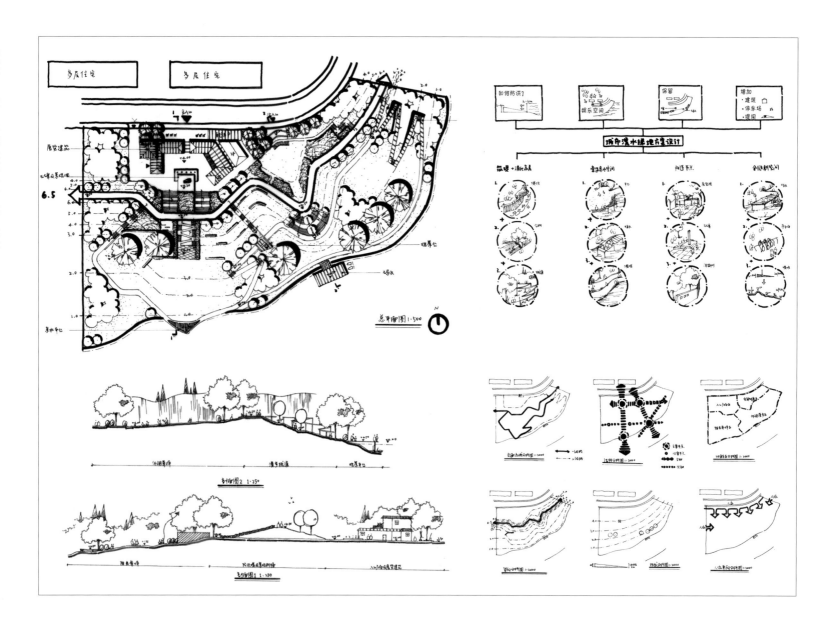

图纸信息	评语
姓名：姜信羽	设计者大胆地将防洪堤与观景道相互结合，曲折有致的道路与视线、空间契合得很好。对场地的分析也比较合理，突出了滨水空间的特质，建筑的设置与广场、石碑形成空间序列。剖面图的设计表达了场地应有的地形关系。不足之处在于，部分剖面的垂直方向略微夸张。版面清晰整齐，可以适度增加总平面图的种植密度，增加绿地的固碳能力，增加部分空间场景表达图纸。
用时：3 小时	
纸张：硫酸纸	
大小：A1	

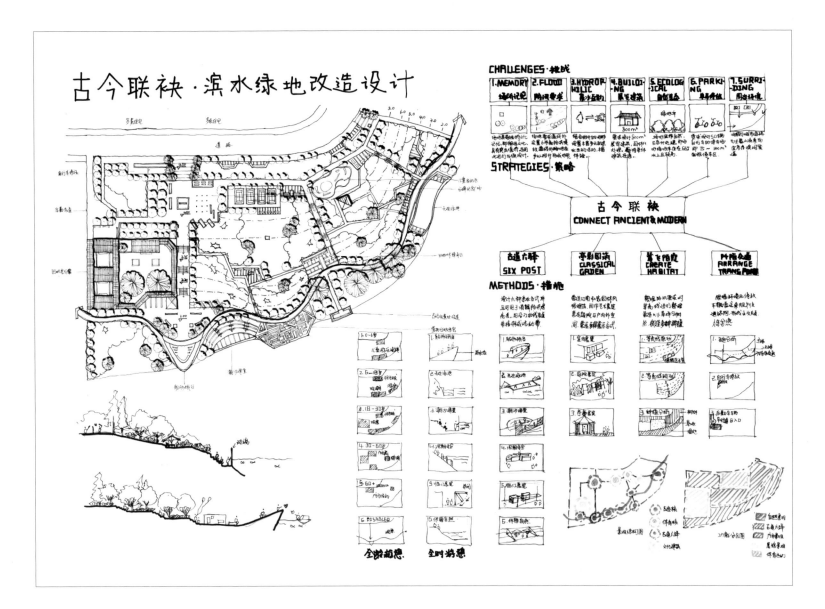

图纸信息	评语
姓名：卢佳欣	该方案对于滨水场地的设计有比较深刻的理解与表达，并抓住了场地人文要素较多的特点，提出了古今联袂的主题来演绎方案。设计者也考虑了整体场地与水岸之间的空间关系，强烈地表达了垂岸与顺水的空间关系，并在设计中予以落实。整体版面形成了纵向的逻辑线，并清晰阐释了对策与措施，是比较好的表达。不足之处在于，建筑布局没有考虑与蓝线的关系，剖面图的绘制在纵向的地形关系上过于主观，比例存在较大问题，应以更准确的方式表达。
用时：3 小时	
纸张：硫酸纸	
大小：A1	

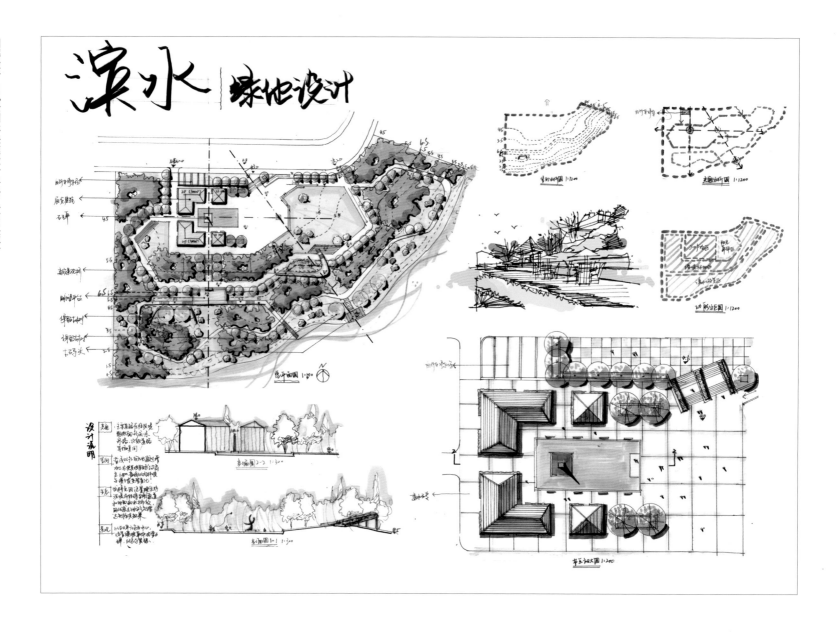

图纸信息	评语
姓名：谢珣	该方案流线、结构、空间清晰明了，多一分太多、少一分太少，实为快速设计之上策。上层开放空间式设计，兼顾了石碑东西空间、南北空间的视线关系，建筑、广场、开放绿地空间序列清晰强烈。双环式交通组织营造了两个不同的游览体验，生态化的水岸处理也是方案的一大亮点。不足之处在于，剖面图画风不够成熟稳重，平面的滨水一侧略封闭，整体版面的东侧排版显得拥挤，且透视图粗放不美观，节点放大没有标注材质类型、竖向关系以及植物设想。总体上仍是一个很好的设计。
用时：3 小时	
纸张：硫酸纸	
大小：A1	

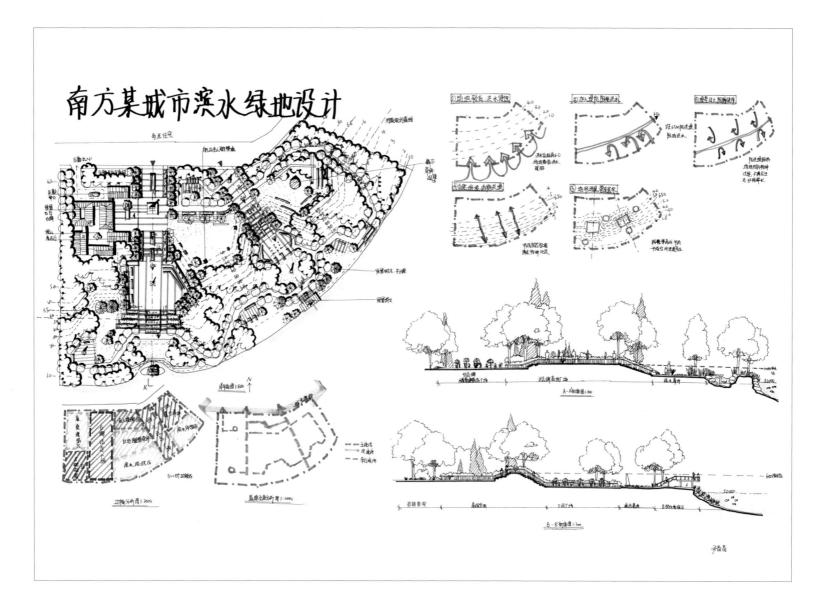

图纸信息	评语
姓名：尹苗苗	这是一张表达、表现非常严谨的图纸，设计园路、防洪设施、竖向地形形成了非常一致的节奏与呼应关系。建筑的选址既与城市道路有很好的联系，又能获得与主入口的联动关系。分析图的表达以问题为导向展开描绘，是容易掌握的方式。剖面图的表达非常清晰，高低起伏明确，前后层次分明，是很好且讨巧的表达方式。两条空间轴线的表达可以分成两种类型，部分上层台地的空间需要建立起视线或者空间上的关联。
用时：3 小时	
纸张：白纸	
大小：A1	

7.26

某城市街区小公园方案设计

题目来源：苏州大学 2020 年风景园林研究生入学考试初试真题
考试时间：6 小时

一、场地概况

　　场地位于江南某老城区,由两栋居民楼和城市道路围合。场地内的竖向变化如下图所示,场地面积较小,要求运用层叠的方法,将场地联系成整体,充分运用现状地形,满足居民的休闲、运动、学习等功能需求。

二、设计要求

①方案创新设计。

②不妨碍居民出入。

③充分考虑老人活动,儿童活动、运动与学习的需求。

④设计一座咖啡馆建筑,沿街布置,总面积 $400m^2$ 左右,要求设计室外茶座。

⑤表达主要植物类型。

三、图纸要求

①总平面图,比例 1：200,表现乔、灌、草层次。

②剖面图 2 张,表达出建筑内部构造和场地整体地形。

③整体鸟瞰图。

④文字说明,不少于 400 字,表达自己的设计意图。

⑤分析图,形式不限,比例自定。

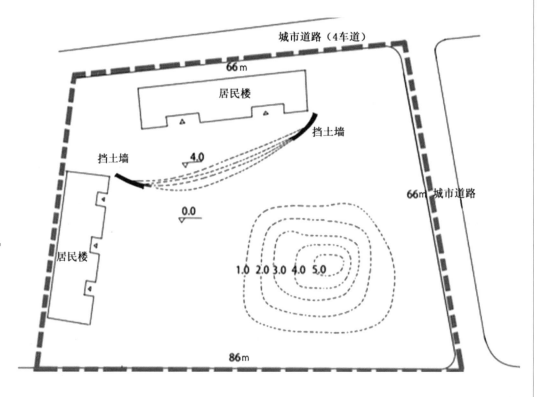

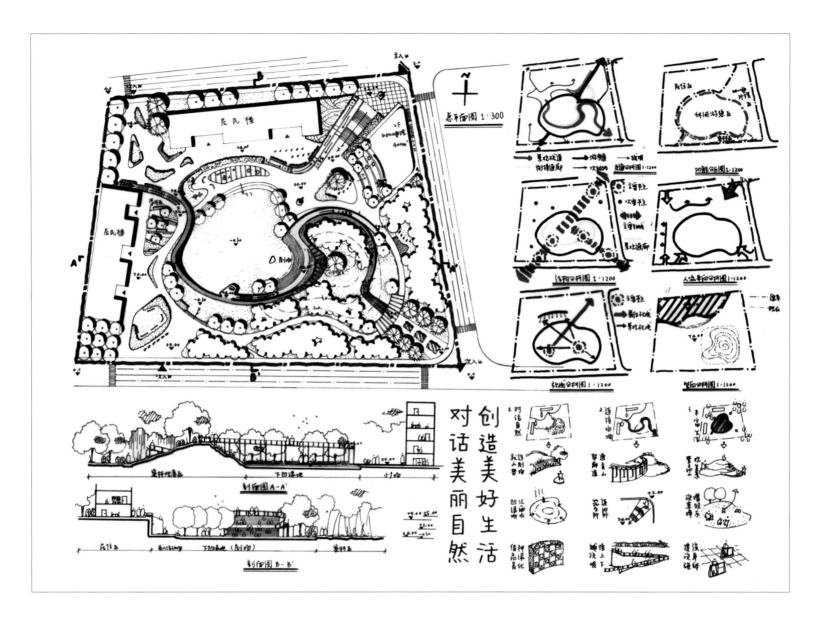

图纸信息	评语
姓名：姜信羽	下凹式的场地，需要立体化设计思考。方案在立体空间的设计上非常克制，以一条简洁的人行天桥联动周边，保证下凹空间的活动性，同时提供无障碍直达的可能。场地内外的竖向设计充分考虑交通设施的衔接。竖向空间也精心设计，提供了具有很好场所感的空间。住区周边地面空间提供了有内向性的休闲空间。剖面图与分析图简练清晰，是很好的表达方式。建议将建筑的设置与主要人流来向结合，可以考虑与下凹场地形成立体化的设置。
用时：6 小时	
纸张：硫酸纸	
大小：A2	

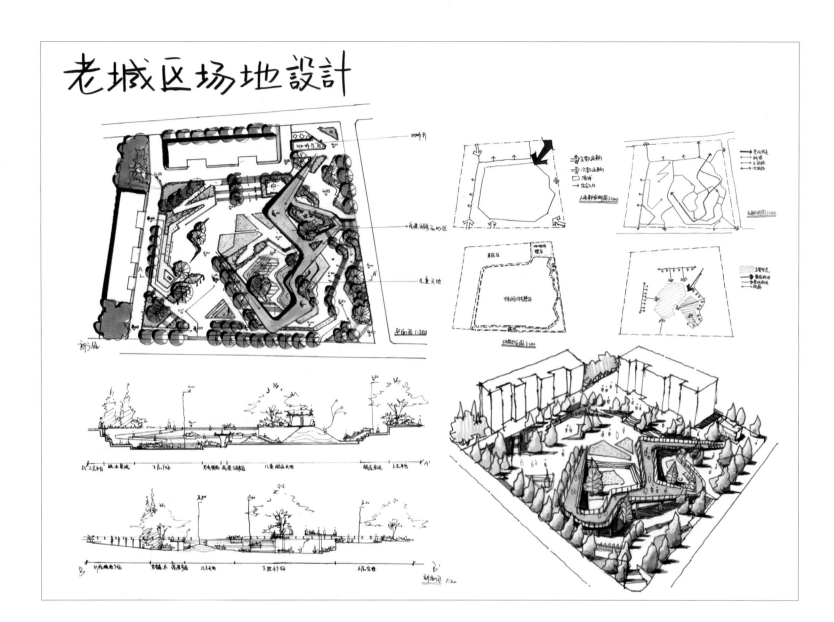

图纸信息	评语
姓名：郭广钰	这是一个形式控制把握较好的设计方案，住宅与公园流线独立又有联系，采用了步行天桥的方式连接上下台地，道路、天桥、绿地、构筑物都采用了相同的形式语言，图面效果较好。不足之处在于，对竖向理解过于主观，缺少理性的精准计算；部分残坡对设计和规划把握不足，应考虑竖向的硬质与软质空间的衔接，而非仅仅考虑硬质空间。部分台地式设计活动性强，是比较好的设计，但是同样缺少精准计算，设计者需要进行精细化竖向研究与设计。
用时：6 小时	
纸张：硫酸纸	
大小：A2	

参考文献

[1] 刘滨谊.人居环境研究方法论与应用 [M].北京：中国建筑工业出版社，2016.

[2] 刘滨谊.现代景观规划设计 [M].4版.南京：东南大学出版社，2018.

[3] 刘滨谊.风景景观工程体系化 [M].北京：中国建筑工业出版社，1990.

[4] 刘敦桢.苏州古典园林 [M].修订版.北京：中国建筑工业出版社，2010.

[5] 魏民.风景园林专业综合实习指导书：规划设计篇 [M].北京：中国建筑工业出版社，2007.

[6] 迈克·W.林.建筑设计快速表现 [M].王毅，译.上海：上海人民美术出版社，2012.

[7] 诺曼·K.布思.风景园林设计要素 [M].曹礼昆，曹德鲲，译.孟兆祯，校.北京：中国林业出版社，1989.

[8] 格兰特·W.里德.园林景观设计从概念到形式 [M].郑淮兵，译.北京：中国建筑工业出版社，2010.

[9] 于一凡，周俭.城市规划快题设计方法与表现 [M].北京：机械工业出版社，2011.

[10] 刘志成.风景园林快速设计与表现 [M].北京：中国林业出版社，2012.

[11] 李昊，周志菲.城市规划快题考试手册 [M].武汉：华中科技大学出版社，2011.

[12] 中华人民共和国住房和城乡建设部，中华人民共和国国家质量监督检验检疫总局.城市绿地设计规范（2016年版）：GB 50420—2007 [S].北京：中国计划出版社，2016.

[13] 中华人民共和国住房和城乡建设部，中华人民共和国国家质量监督检验检疫总局.公园设计规范：GB 51192—2016 [S].北京：中国建筑工业出版社，2016.

[14] 住房和城乡建设部工程质量安全监管司，中国建筑标准设计研究院.全国民用建筑工程设计技术措施（2009年版）：规划·建筑·景观 [M].北京：中国计划出版社，2010.

[15] 中华人民共和国住房和城乡建设部.城市用地竖向规划规范：CJJ 83—2016 [S].北京：中国建筑工业出版社，2016.

[16] 中华人民共和国住房和城乡建设部，中华人民共和国国家质量监督检验检疫总局.城市居住区规划设计标准：GB 50180—2018 [S].北京：中国建筑工业出版社，2018.

[17] 中华人民共和国住房和城乡建设部，中华人民共和国国家质量监督检验检疫总局.无障碍设计规范：GB 50763—2012 [S].北京：中国建筑工业出版社，2013.

• 作者简介 •

吕圣东

硕士毕业于同济大学风景园林专业，师从中国著名风景园林名家刘滨谊教授。上海同济城乡规划设计研究院有限公司城市设计研究院所长、高级工程师、国家注册城乡规划师、谷多景观教研中心主任。常年实践于设计一线，于设计教育深耕十三载，多元平台话语研思，致力于产、研、教一体的多元教学模式发展探索。

谭平安

谷多手绘表现课程负责人，十四年精研于手绘表现教学，积淀推广系统化教学体系，主持参与多项国内外大型商业表现设计，出版多本手绘表达、快速设计书籍，深耕设计表现教育一线。

滕路玮

硕士毕业于华中农业大学风景园林专业，师从秦仁强副教授。谷多景观教研中心主讲。就职于知名景观事务所，擅长时代感强烈、前沿性突出、造型性丰富的方案设计。

• 快题提供名单 •

常 青	陈雪纯	陈 杨
方子晨	冯璋斐	郭广钰
黄洒葎	姜信羽	李佳慧
梁 竞	刘 雯	卢佳欣
罗玉婷	欧阳慕莹	齐艺璇
秦 令	邱小羽	沈桐羽
谭 楚	汤雯薏	王东昱
王柳川	王佩豪	王文卿
王晓琦	王志茹	王卓霖
温 雯	吴清龙	吴晓安
吴怡婧	谢 珣	熊睿雨
杨 珂	杨维旭	杨 翔
尹苗苗	于润清	张佳琪
张儒凯	赵雯婕	赵永佳
周林云	周淑宁	邹可人
左 莹		

以上名单按首姓名首字母排序，排名不分先后

• 谷多手绘集训花絮 •